目で見てわかる

測定工具の使い方

Visual Books《ビジュアル・ブックス》

河合利秀 著
Kawai Toshihide

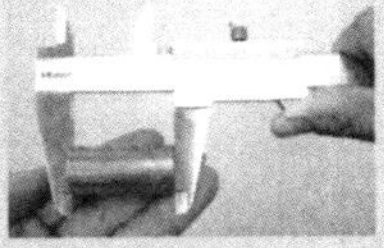
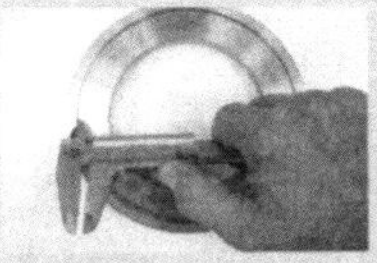

日刊工業新聞社

はじめに

「ものづくり」は面白い！でも、奥が深くて難しい！測定技術はその奥深さの一つの峰となっています。

どんなにすばらしい工作技術を持っていても、正しく測定することができなければ、きちんとしたものは作れません。加工技術と測定技術はまさに車の両輪、どちらが欠けても「ものづくり」は成り立ちません。ところが、実際にノギスを持って測ってみると、これが意外に難しい。ちゃんと測ったはずなのに、どこか違っている…

大学には面白い測定工具がたくさんあったので、先輩諸氏の助言や文献を頼りにかたっぱしから使ってみました。最初は測れただけで満足していたのですが、実際の仕事で精度を要求されてみると、これがなかなか難しいことに気づきました。「測定工具」を使いこなすには、超えなければならない壁があったのです。

私はさまざまな失敗や経験を通して多くのことを学び、科学の最先端である科学研究機器、例えば科学天文衛星に搭載する観測機器を作るようになりました。しかし、これらの装置は特別な測定器を使うのではなく、ノギス、マイクロメータ、ダイヤルゲージ、定盤、ブロックゲージ、水準器など、普通の測定工具を使いこなすことで実現しています。

本書は、学生相手の工作実習における経験と自らの体験を基に、工作でお馴染みのノギスやマイクロメータなどの「測定工具」の特徴と使い方を、写真を多用して皆さんに伝えることが使命です。

本書をきっかけに、皆さんがものづくりのエキスパートとして活躍されるようになったら、こんな嬉しいことはありません。

2008年3月　　河合利秀

第4章 ダイヤルゲージ

第5章 定盤

第6章 スケールとパス

第7章 ブロックゲージ

第8章　水準器…角度を測る

第9章　あると便利な測定工具

第10章　測定工具のまとめ

ひとくちコラム

第1章

測定工具をつかう前に

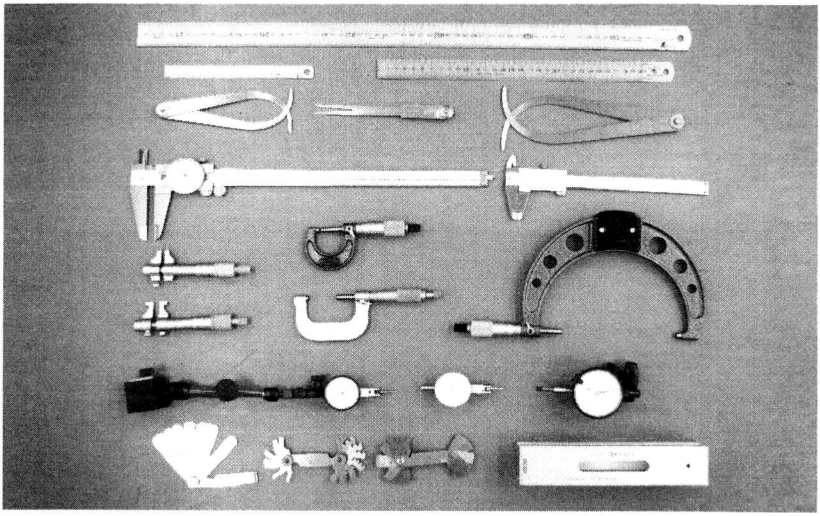

最初に、本書で解説する「測定工具」を写真で紹介します。

測定工具を使う前に、「測定工具」の使い方の「こころがまえ」のようなことを述べます。じつは、測定技術の大切な部分がここに含まれています。

このあたりのことは、実際の生産現場では今でも徒弟制に近い状態で、「見て覚えろ！」とか「盗むもの」とか言われ、「修行」と称して禅寺のような訓練もさせられるようなのですが、今の時代、これらのことを普流にやってもなかなか身につくものではありません。

しかし、なぜこのようなことが大切かということが分かれば、皆さんも自然に努力できるでしょう。

1-1 ゴミやバリなどを取り除く

測定誤差の原因で最も多いのは、ごみやバリ（かえりなどの突起）を挟んで測定してしまうことです。工作の現場で起きる失敗のほとんどはこれです。

どんな上等な測定工具を使っても、測定したいものが汚れていたり、ゴミが付着していれば正しく測ることはできません。

加工すれば必ずバリができます。バリを挟んでは、正しく測ることはできません。

同様に、塗装やさびなどがあれば、やはり正しく測ることはできません。

まずはともあれ、ゴミや汚れなどを取り除き、測りたいものがきちんと測れるようにしましょう（**図1-1**）。

どうですか？図1-1のように切りくずがたくさん乗ったままでは正しい寸法を測ることはできません。

図1-1 ゴミを払う

ここがポイント！

筆やブラシを使ってゴミを取り除いてください。

図1-2のように、測りたいものの角にバリ（かえりなどの突起）が付いていても、正しい寸法が測れません。

やすりやカッターで丁寧に取り除いてください。

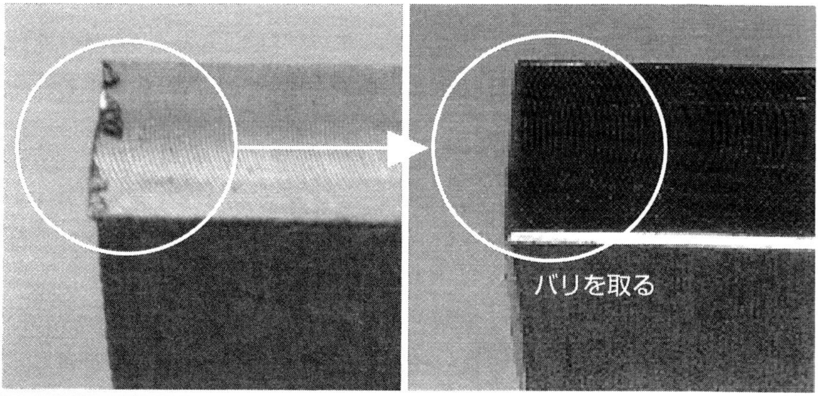

図1-2 バリを取る

図1-3のようにペンキが分厚く塗られていたり、さびが出ている場合も、正しい寸法は測れません。

やすりやワイヤブラシでしっかり取り除いてください。

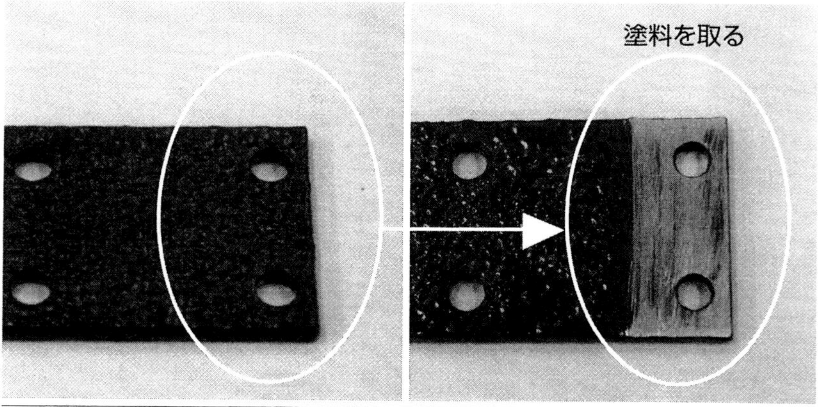

図1-3 塗装をとる

ここがポイント!

「ゴミを払う」「バリを取る」「塗料やさびを取る」、以上の3点はきちんと寸法を測るために必ず確認しましょう。結構面倒なのですが、これを怠るわけにはいきません。

1-2 何度も測ってみる

測定の誤差や失敗で次に多いのが1回きりの測定で、そのとき偶然間違った寸法となったとき、それを正しいと思いこんでしまうことです。

1回きりの測定で満足せず、何回も測るうちに、ノギスのあて方や持ち方も上手になります。

ゴミやバリ取り不十分などの問題も、このときに気づくことができます。ゴミやバリがあると、測定するたびに値が違ってしまいます。

正しい測定が実現できているとき、測定値は何度でも同じ値を示します。これを「再現性」といいます。

「再現性」がある場合、測定する人が代わっても、測定器工具が換わっても結果は同じになります。測定では、この「再現性」がとても大切です。初心者のうちは、何度も測り直して「再現性」を確認してください。「同じ値が出るようになるまで測る」を励行することが大切です。

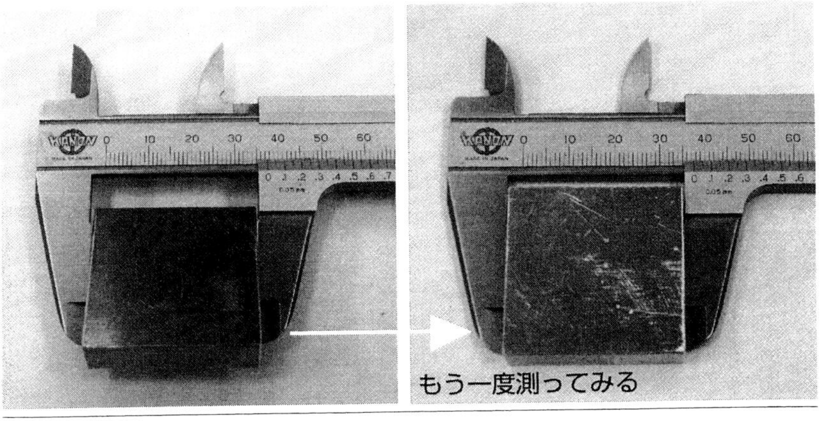

図1-4 同じ値になりますか?

ここがポイント!

図1-4は、一度測っただけで満足せず、もう一度測って、同じ値になるかを確かめたものです。再現性バッチリ!

測定工具に誤差があるか、不安なら工具を換えてもいいでしょう。ノギスで測ったけれど納得できないのでマイクロメータで確認する…というのもありです。

図1-5は先ほど測ったものを別のノギスで測りなおしたものです。

結果は前と同じ。これなら安心ですね。

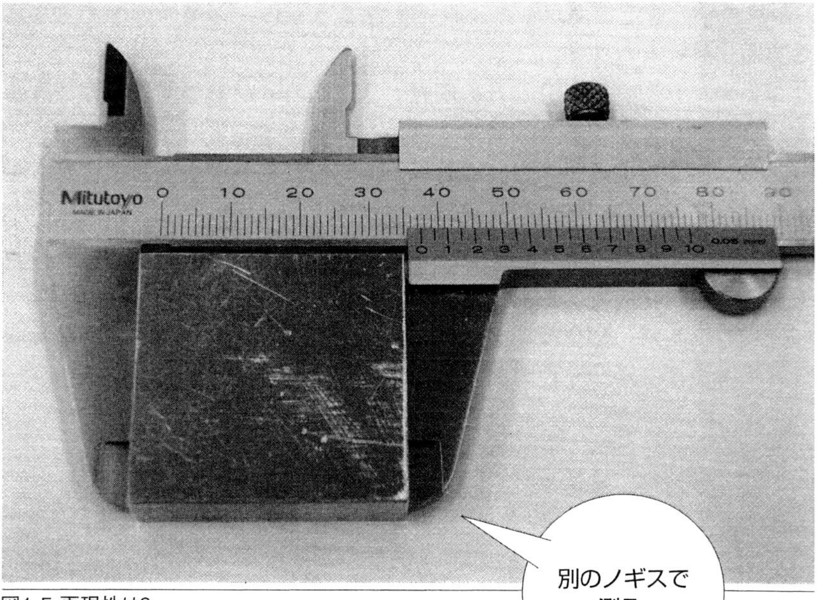

図1-5 再現性は?

ここがポイント!

何の問題もなさそうな単純な形状の部品でも、測定する場所を少しずつ変えて何度も測ってみると、僅かな傾きなど加工の不具合が見えてくるものです。

1-3 近くにある垂直・水平を利用する

ノギスやマイクロメータなどの測定工具で寸法を測るとき、測定工具を斜めに当てたのでは正しい測定結果が得られません。

そこで、利用したいのが私たちの周囲にある垂直や水平の目安となるものです。

ここでは、身近にある垂直や水平を目安として利用する…目で透かして見比べる…目安、方法を紹介しましょう。

まず一番利用したいのは、測ろうとする「モノ」のエッジや面です。

測定したい「モノ」は、一般的には、四角いものならば面の平行や直角ができていると考えて、それを利用するのです。

図1-6の例は、ノギスのメインスケールを工作物の面に沿わせて垂直・平行を上手に利用しています。

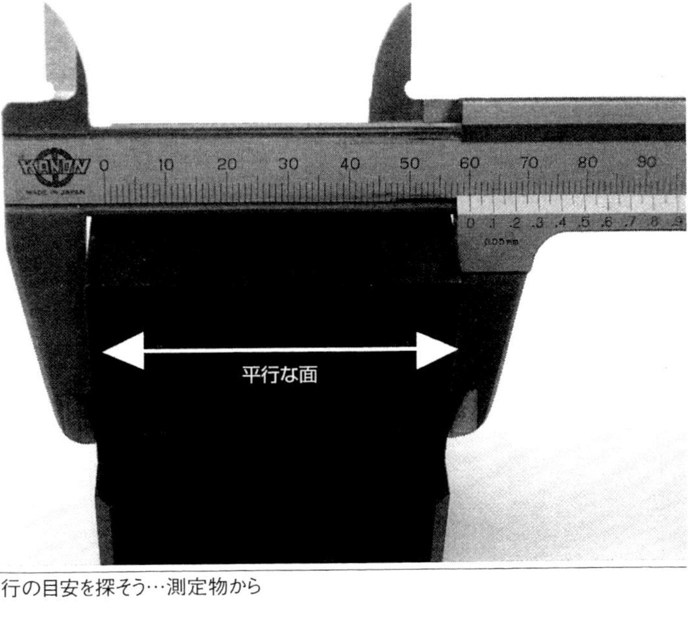

図1-6 垂直・平行の目安を探そう…測定物から

図1-7の写真は旋盤です。これをよく見てください！！

ベッドや縦送りテーブルのエッジは、旋盤の主軸に平行や直角（白の矢印）の目安として利用できませんか？

ベッドやテーブルなどのエッジや被測定物のエッジを、ノギスやマイクロメータの向きと透かして見るのです。

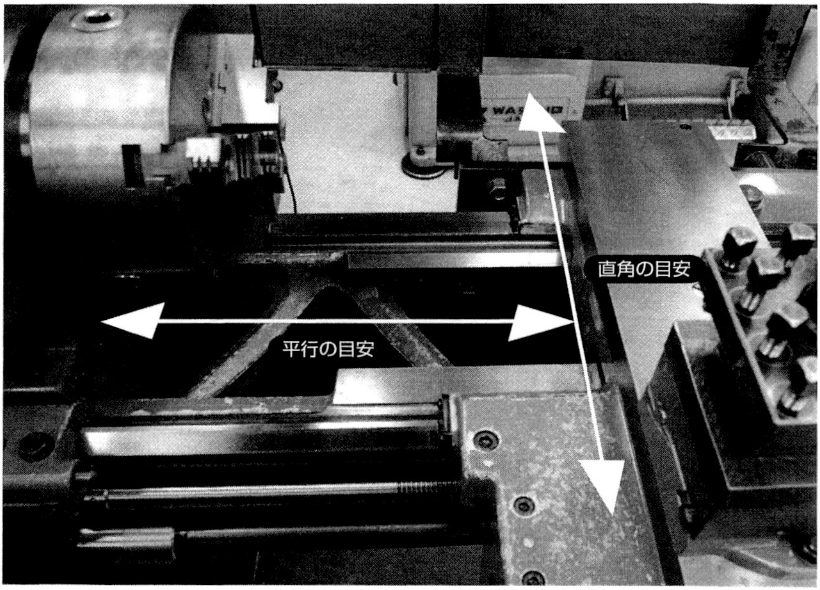

図1-7 垂直・平行の目安を探そう…工作機械から

ここがポイント！

このように、周辺にあるさまざまなエッジや線を平行や直角の目安に使えるようになると、測定の信頼性、安定性もぐっとアップします。

1-4 デジタルとアナログ…あなたはどちらが好き？

最近デジタル式ノギスをよく見かけるようになりました。

従来のバーニア目盛りはなれないと読み違える可能性があって、初心者は素早く読み取ることが難しいのですが、デジタル式ではそのような間違いがないことや、バーニア式より分解能が高いことから、最近急速に普及してきました（図1-8）。

実際に使ってみると、0.01mmの分解能で測定できることのメリットは大きくて良いのですが、不便さを感じることもあります。

図1-8 デジタル式ノギス

(1) 残量を一目で読み取れるのはアナログ式

例えば図1-9の時計を見てください。あと何分残っているかを見たいとき、こちらのアナログ式の方がずっと便利です。

デジタル式は一度頭の中で計算しなければなりませんが、アナログ式ならさっと読み取ることができるのです。

これは人間の能力の高さを証明しているのですが、実際の加工現場で素早く測定したい場合にはけっこう重要なことです。

(2) 表示がふらつくデジタル式

デジタル式ノギスがいくら分解能が高いといっても、ノギスの構造上から来る限界精度を超えることはできません。

デジタル式ノギスで何かを測ろうとしたとき、スライダーを押す力を加減すると測定値も変わってしまい、どれを信じたらよいのか分からなくなってしまう経験はないでしょうか？

図1-10は工具顕微鏡のデジタル表示ですが、最後の桁が点滅して、5なのかゼロなのかとても不安定です。それもそのはず、0.5ミクロンを表示しているのですから無理もありません。

(3) 適材適所？　アナログ式とデジタル式

それでも、分解能の高いデジタル式のノギスやマイクロメータは、簡単に高精度の測定を実現することができる、とても便利な測定工具ですね。

図1-11のデジタル式マイクロメータは、1μｍの精度で測定できています。

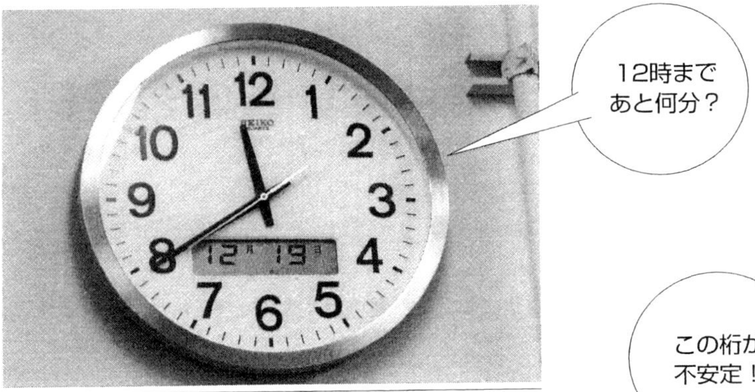

図1-9 アナログ時計

図1-10 工具顕微鏡のデジタル表示

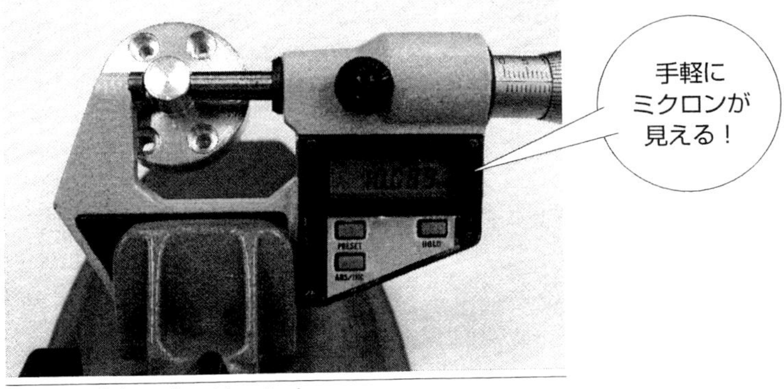

図1-11 デジタル式マイクロメータ

1-5 測れないものもある…実際は測れないものも多い

さて、次に紹介することは、ちょっと難しいかもしれませんが、とても大切なことです。

この項のタイトルにあるように、実際には「測れないもの」もたくさんあるということです。

「上手に測れるようになる！」と言っておきながら「測れないものがある」とは何事だ！！とお怒りになるかもしれませんが、正しく測れない事例とその理由を知っておくことは、「正しく測定する」ことの意味を理解するためにも不可欠なので、ここで紹介します。

(1) 柔らかいものは測れない？

薄肉のパイプやゴムのパッキンなど、ノギスやマイクロメータなどの測定圧力で簡単に変形するものは、正確に測ることが難しいのです。

例えば、薄肉のパイプの直径をノギスで測ろうとすると、楕円状につぶれて、正しい結果を得ることができません(図1-12)。

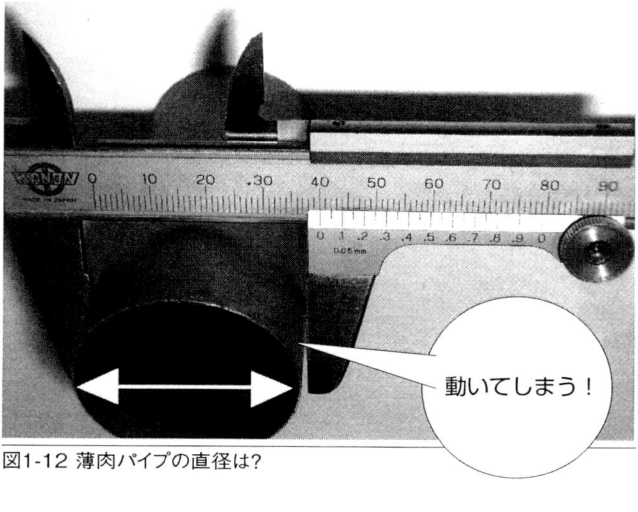

図1-12 薄肉パイプの直径は?

同様に、ゴム製のパッキンやOリングのようなものは、本来の正しい形状を示しません（**図1-13**）。このようなものも、ノギスやマイクロメータで外形を測ることはできません。

しかし、柔らかいものや不定形のものを測定する場合は、おおよその寸法でよいことが多いのでご安心ください。

(2) 曲がったり形が崩れている不定形のものは測れない？

さあ皆さん、**図1-14**のような薄い箔の長さを測れといわれたらどうしますか？

長さを測るとは、「どこ」から「どこ」までの距離を測るということです。

このような不定形、つまり形が崩れているものは、測ろうとする面や辺が平行になっていないために、その「どこ」というのが毎回同じにならない。これでは「測定」が成り立たないのです。

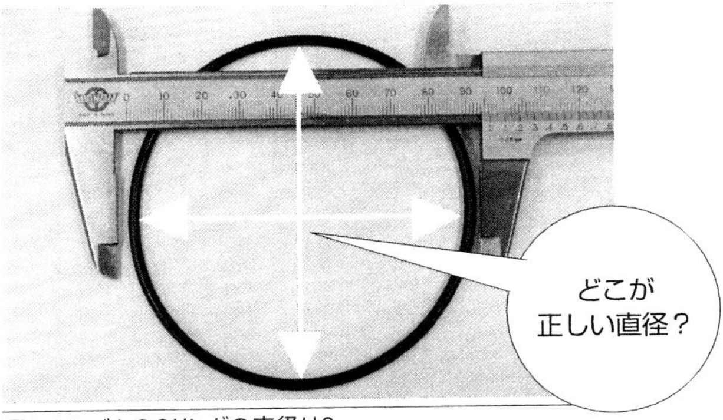

図1-13 ゴムのOリングの直径は?

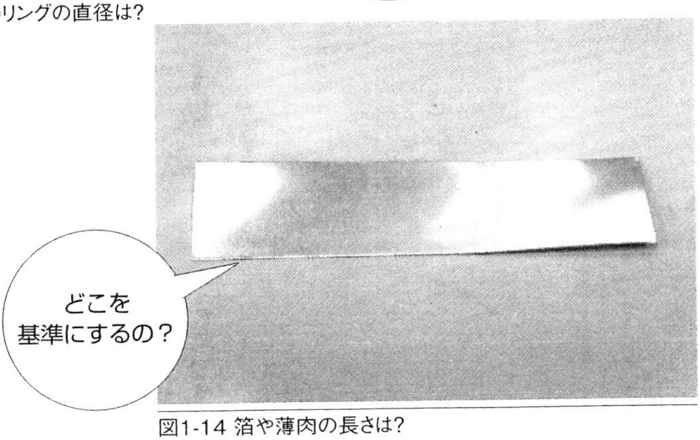

図1-14 箔や薄肉の長さは?

1-6 この章のまとめ

目で見てわかる…というキャッチコピーに反し、のっけから理屈を言いましたが、ここまで読み進まれた皆さんは忍耐力と意欲が十分であると確信します。

この章の最後に、一言。

まずはともあれ、ノギスを手にとって測ってみることが一番！というのが、私からのエールです。

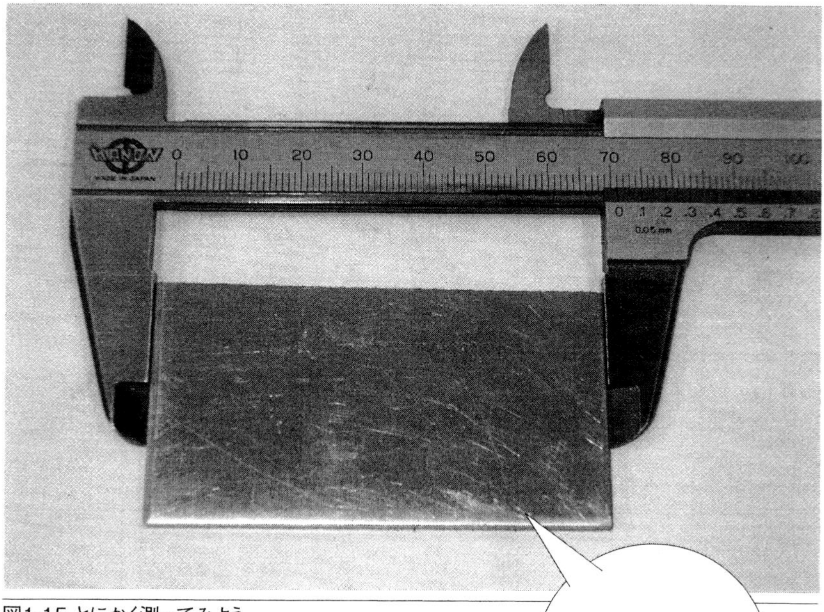
なにはともあれ、
ノギスを持って、
測ってみよう！

図1-15 とにかく測ってみよう

第2章

ノギスの使い方

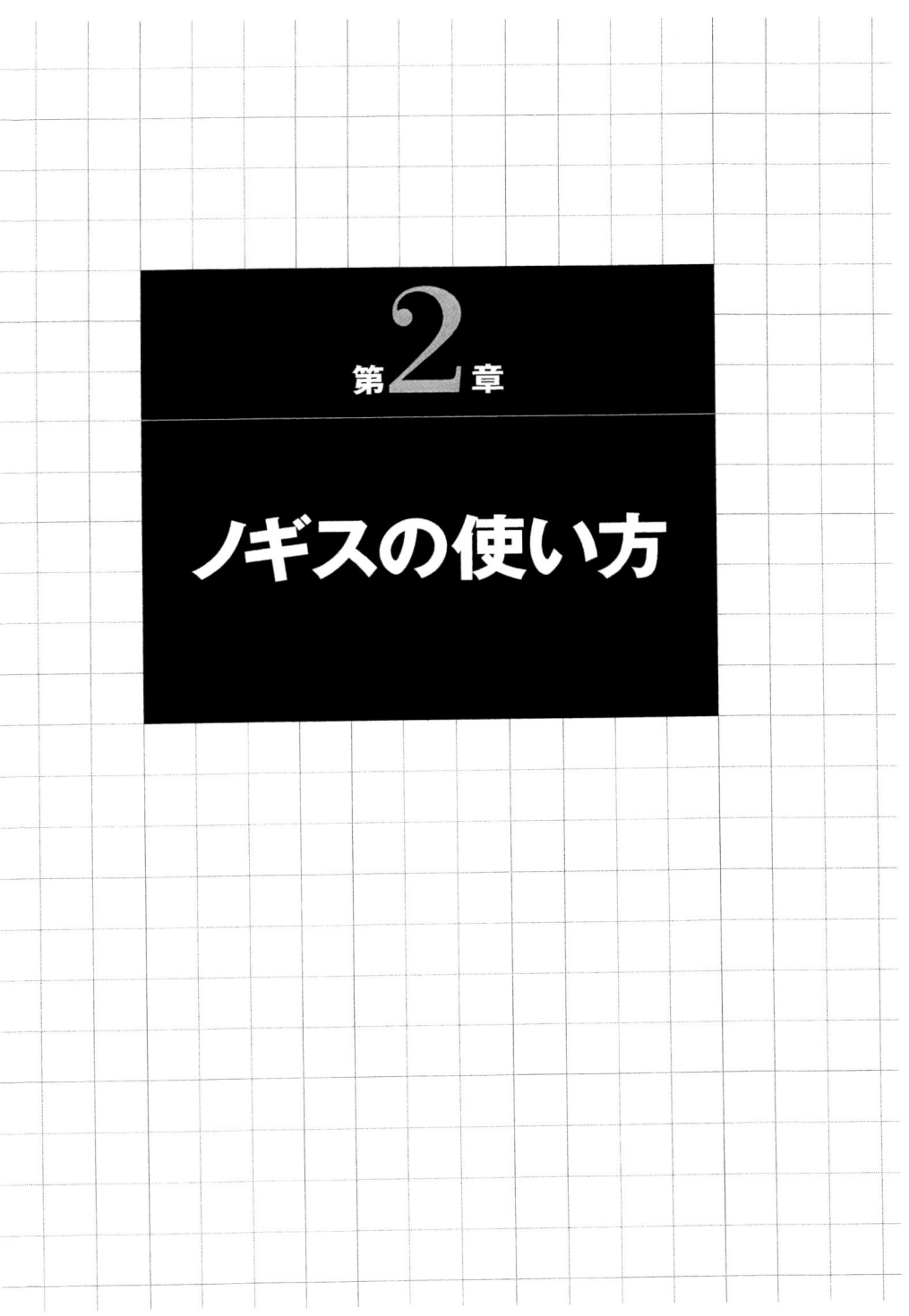

2-1 ノギスの種類と特徴

ノギスは機械工作の現場で最も普及している測定工具です。

単に長さだけでなく、内径・段差・穴の深さなどいろいろな測定を一つの測定工具でこなせます。**図2-1**のように大小さまざま、特殊用途のバリエーションも豊富であり、「ものづくり」の現場で最も使われている測定工具です。

このように、大変便利なノギスですが、ジョーの当て方や力加減などで誤差が生まれやすい測定工具でもあります。この章では、こうしたノギスの特徴を整理し、上手に使いこなす方法を解説します。

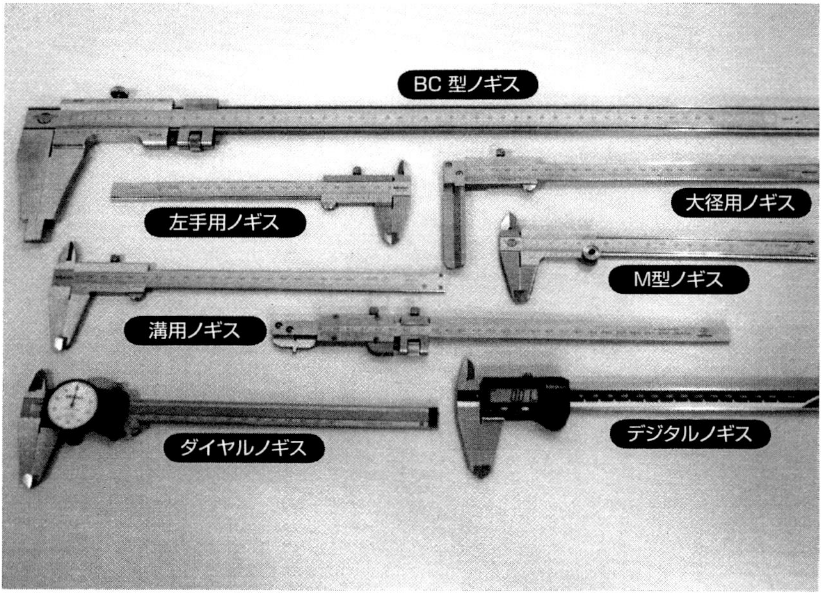

図2-1 いろいろなノギス

(1) ノギスの各部の名称

図2-2は一般的なM型ノギスの各部の名称です。

固定側のジョーと移動側のジョーで測定したい物を挟みます。

メインスケールとバーニアスケールで細かい寸法まで読むことができます。

クチバシは内径を測ります。デプスバーで穴の深さを測ります。

ノギスはジョーで測定物を挟むため、どうしてもメインスケールの軸の延長線に測定物がくることはありません。そのため、どうしても誤差が大きくなってしまうという欠点があります(アッベの法則を参照)。

それでも普及したのは、外形、内径、段差などいろいろな測定が精度良く測定できる大変便利な測定工具だからです。

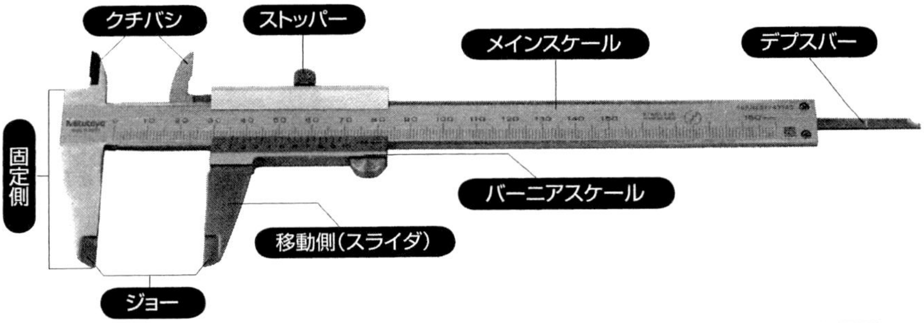

図2-2 各部の名称

ひとくちコラム

アッベの法則

アッベの法則とは、測定長さ方向と測定系の作用線が一直線上に配置すると最も誤差を小さくできるということで、これは1880年にエルンスト・アッベ(E.Abbe,ドイツCarl Zeiss財団の共同研究者で物理学者)によって提唱されたものです。

精密な機械はアッベの法則に則った配置となるよう設計するのですが、これがなかなか難しい。例えば、フライス盤のメカニカルテーブルを見ると、駆動部分や測定部分が直線案内機構の軸上に配置できるのはX軸ぐらいで、後の軸(Y軸、Z軸)はアッベの法則から外れている場合が多いのです。したがって、精度を頼れるのはX軸ということになるのです。

2-2 ノギスの測定箇所とその特徴

(1) ジョー（外形測定）

ジョーの内側に測定したいものを挟み、メインスケールとバーニアスケールによって数値を読み取ります（図2-3）。

ジョーは、向かい合っている面がある程度広く精度のよい平行面になっているので、軽くスライダーを押して測定物を挟むことだけで簡単に測定できます。

ノギスの精度はこの部分を使って測定したときのみ保障しています。

(2) クチバシ（内径測定）

穴や隙間にクチバシを入れて広げ、その幅を読み取ります（図2-4）。

クチバシはジョーに比べて平行面が小さく、垂直・水平に合わせるのが難しいので誤差が大きくなります。

実際に使ってみると外形よりずっと難しいです。

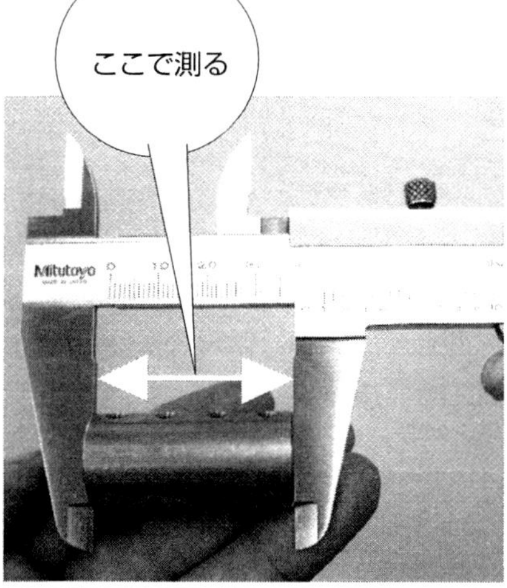

図2-3 ジョー

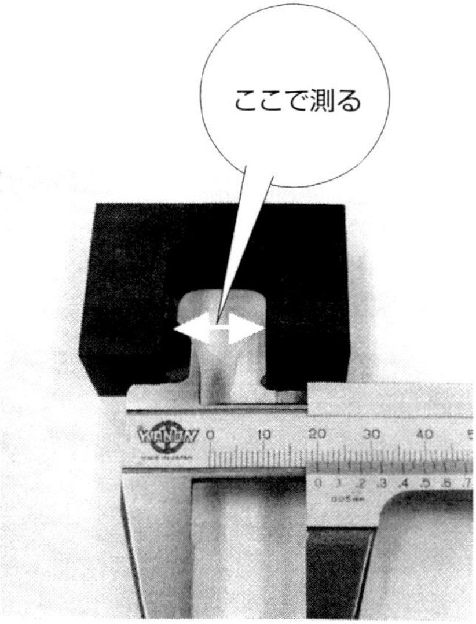

図2-4 クチバシ

(3) デプスバー（段差測定）

ノギスの後ろ（図2-5）の細長い棒を段差や穴にあてて、深さを測定します。このとき、ノギスの後ろの面を基準として穴や段と平行に当てます。

これもクチバシと同じように基準となる面積が狭いために測定物に合わせることが難しいです。

(4) ステップ（段差測定）

ノギスの前（図2-6）の段差測定部は、デプスバーと同じ段差測定なのですが、合わせの面積がデプスバーより大きく取ってあるので、こちらを使うことができれば、デプスバーより測定の信頼性を上げることができます。

このステップ（段差測定）はメーカーによっては付いていないこともあります。

ここがポイント！

測定箇所は4箇所もあるのですが、精度が保障されているのはジョーの部分だけです。他はおまけの機能のようですが、やっぱりあると便利ですね。

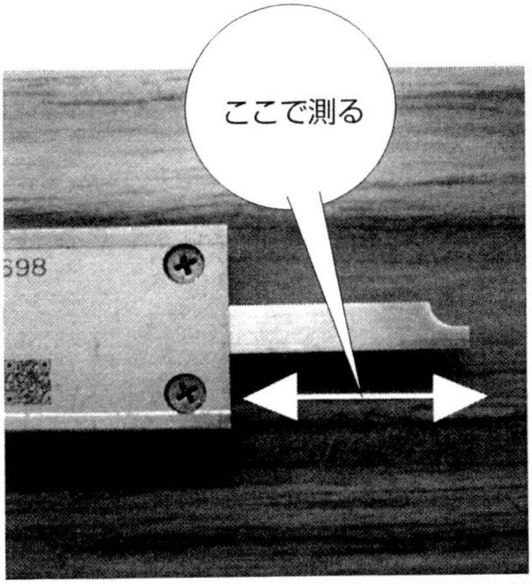

図2-5 デプスバー

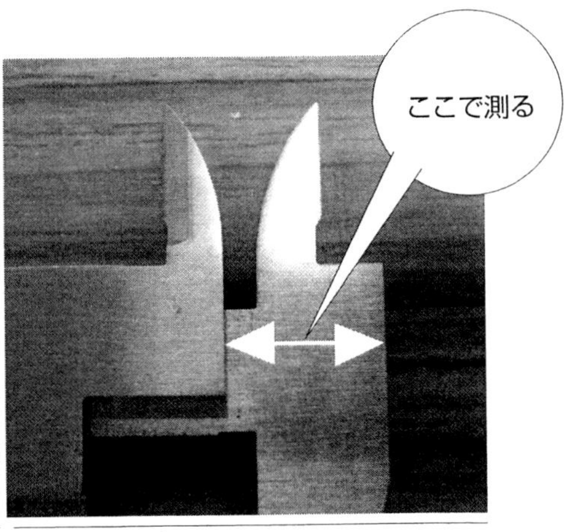

図2-6 ステップ

(5) M型ノギスの持ちかた

ノギスの持ち方はジョーを先にしてメインスケール全体をわしずかみにし、スライダーのノブに親指をあててスライダーを動かします(図2-7)。

このとき、スライダーを押しすぎると、ジョーが撓んだり傾いたりして、誤差を大きくします。

一度、ジョーの先端に何かを挟んで、思い切りスライダーを押してみてください。どうですか?

測定値が変わってしまいませんか?

ここがポイント!

アッベの法則に反しているノギス。スライダーを強く押し過ぎると誤差が出ます!

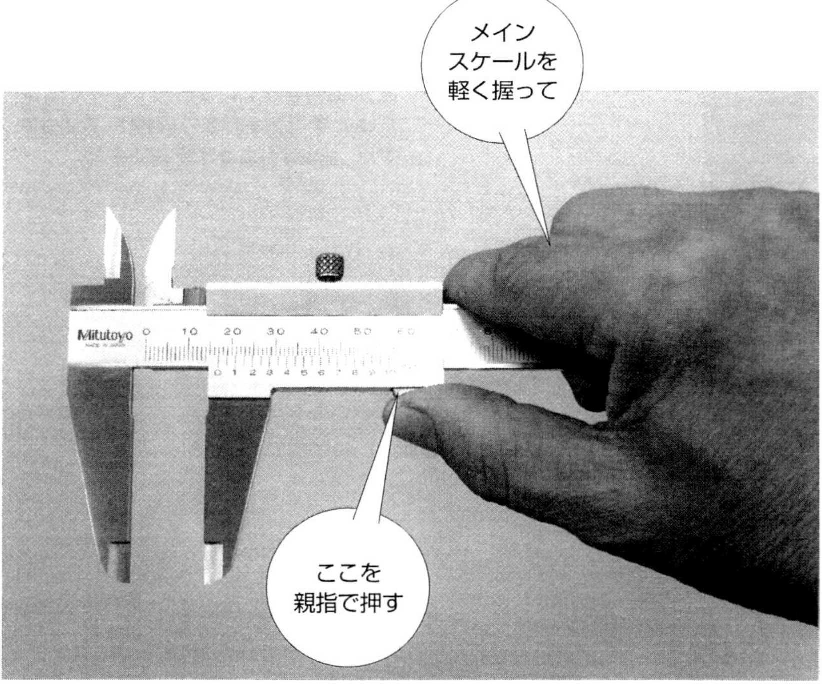

図2-7 ノギスの持ち方

2-3 バーニア目盛りの仕組みと読み方

(1) バーニアスケール

バーニアスケールの仕組みは、例えばメインスケール9目盛りに対してスライダー側に10等分したサブスケールを付けたものです。これを使うと、メインスケール1目盛りを10倍に分割して読むことができます。

実際のノギスは19を20等分したものが一般的で0.05mmの差まで読むことができます。

(2) バーニアスケールの読み方

図2-8が示す寸法を読んでみましょう。

どうですか？　20.0mmと読めましたか？

まずメインスケールとバーニアスケールが重なっている部分の一番左を見ます。この部分のメインスケールの値を読みます。このとき、目盛りの線がぴったり合っていればメインスケールの値がそのまま測定値となります。

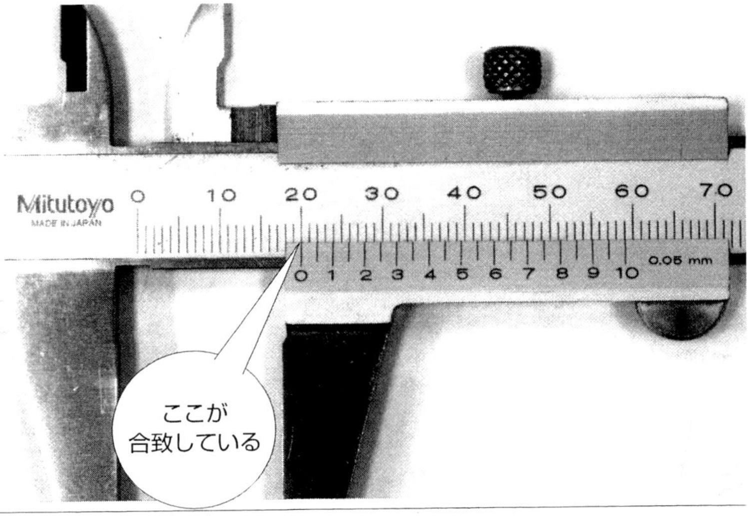

図2-8 バーニアスケールの読み方

図2-9を見てください。バーニアスケールの一番左側20mmのわずか左にありますね。つまり、20.0mmよりちょっと短い。

バーニアとメインの線が一致している部分を探しましょう。ちょうどバーニアの8の目盛りでメインスケールの目盛りと一致しています。

この場合の読み(測定値)は、19.8mmです。

もう一つみてみましょう(**図2-10**)。

20.0mmより僅かに右にずれて、バーニアは2の目盛りでメインと合致、つまり、20.2mmということになります。

さあ、これで皆さんもバーニアスケーを読めますね。

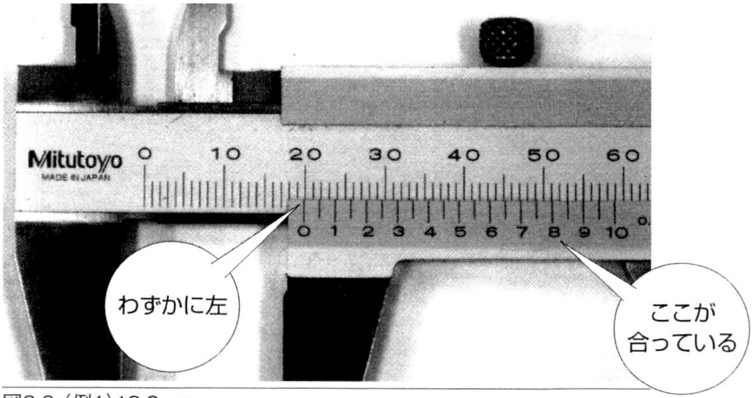

図2-9 (例1) 19.8mm

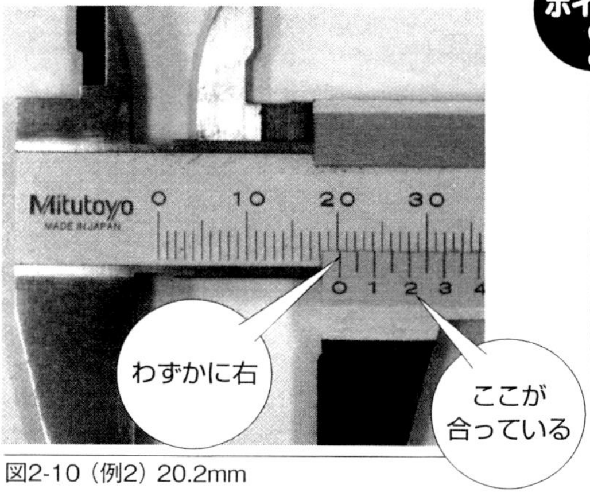

図2-10 (例2) 20.2mm

ここがポイント！

①メインスケールとバーニアスケールが重なったところの左端に注目
②メインスケールを読む
③バーニアスケールを読む。測定値＝メインスケールの値＋バーニアスケールの値

それではいくつか例題を見て、値を読んでみましょう。

〔**例題 1**〕 さあ、この値は?

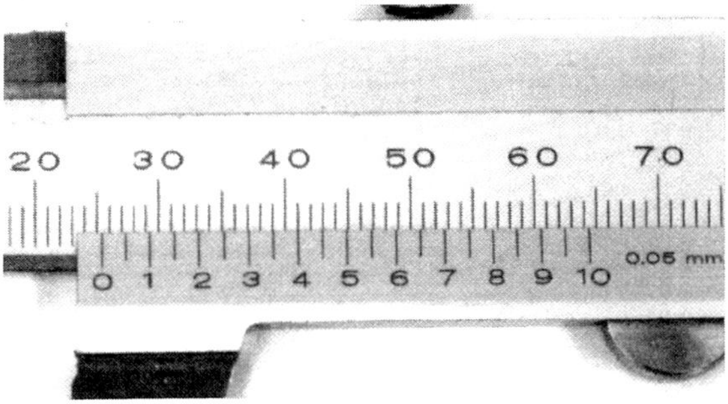

〔**例題 2**〕 この値は?

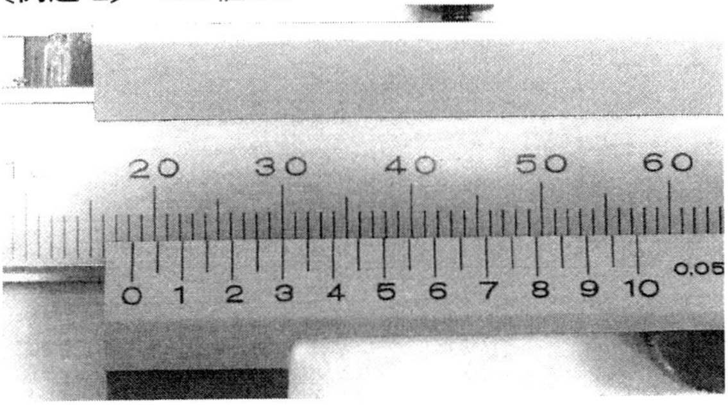

〔**例題 3**〕 この値は?

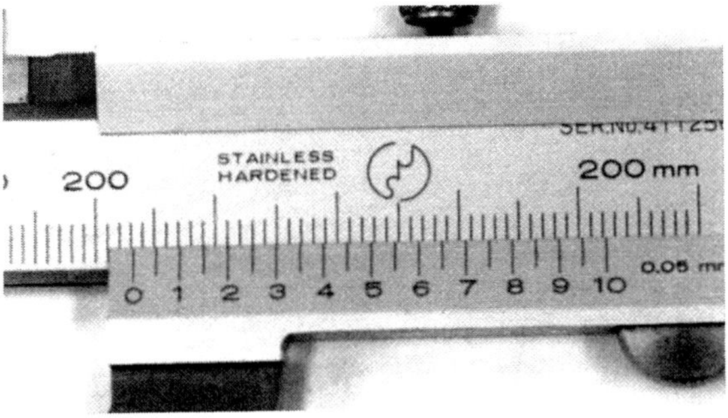

例題1は25.4mm 、例題2は18.3mm、例題3は203.25mm です。

皆さん、正しく読めましたか?

よくわからなかった人はバーニアスケールの読み方をもう一度みてください。

(3) 視差に注意

視差とは、ノギスの目盛りを読むときに、目盛りを正面からみないと誤差が出る現象です。

メインスケールとバーニアスケールの面に段差があるので、斜めから見ると、重なり合うスケールの線が違ってしまうのです。

それでは実際に、19mm のブロックゲージをノギスで測定してみましょう。

図2-12（1）（2）は目盛りを斜めから見たものです。本当は19.0mm なのですが間違って読んでしまいます。

(3)のように、正面から見ると正しく19.0mm と読めます。

どうですか?　視差による誤差は結構大きいですね。

ここがポイント!

バーニアスケールを読むときに一番注意しなければならないことは正面から正しく見ることです。

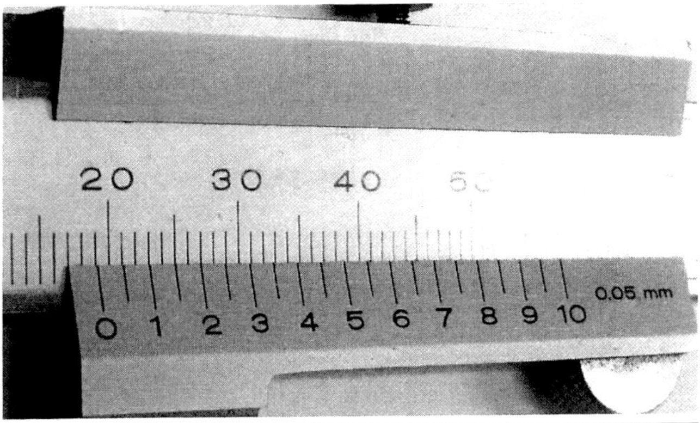

図2-12(1) 右が高いと+に

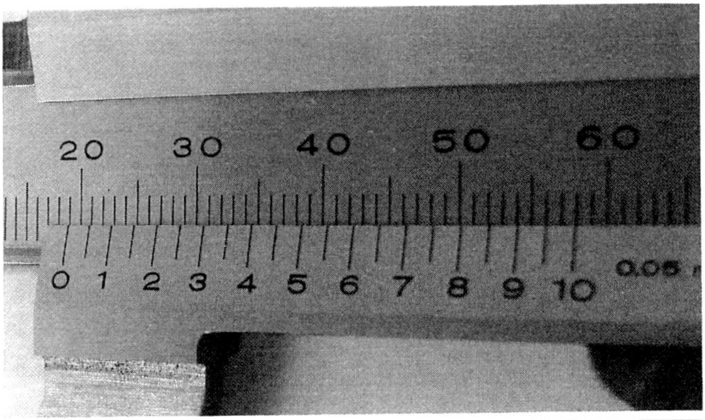

図2-12(2) 左が高いと−に

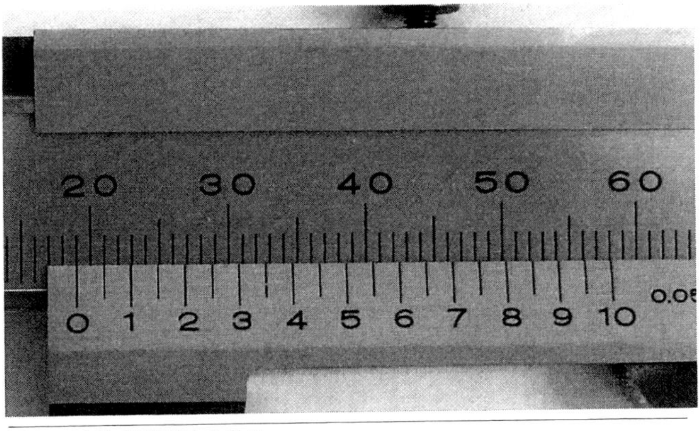

図2-12(3) 真正面から見る

実際の測定では、ノギスのあて方（②-④項で詳しく述べます）とともに、視差のでないような位置に目をもってくるため、測る位置や姿勢を考えます。

図2-13（a）～（e）は工作実習の一こまですが、ノギスで正しく測るために一生懸命です。

自分の立ち位置や工作物の位置、目の高さなどに気を配っていますね。

(a)

(b)

(c)

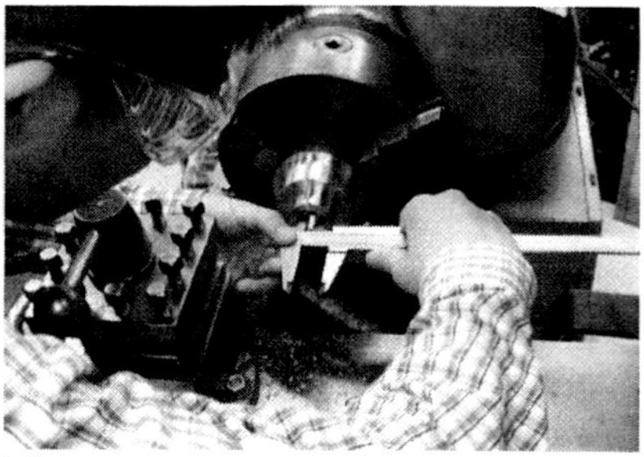

(d)

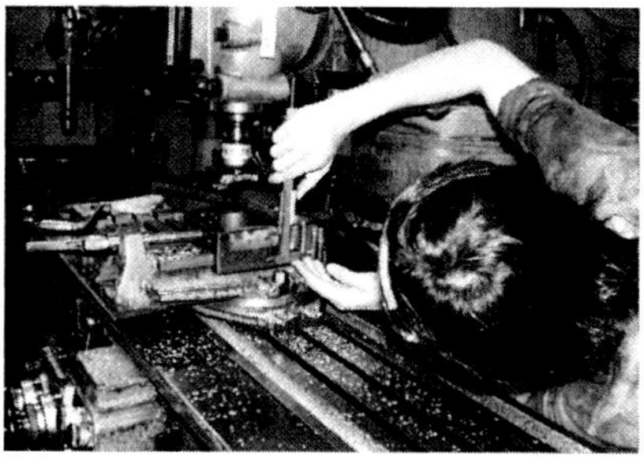

(e)

図2-13 さまざまな測定シーン

(4) バーニアスケールの読み方のまとめ

ここではバーニアスケールの読み方の基礎を解説してきましたが、いかがでしたか?

バーニアスケールの読み方は慣れてしまえが簡単ですが、ノギスの当て方、スライダーの押し方や視差の問題があって、なかなか難しいです。

図2-14 バーニアスケールの正面で読む

ここがポイント!

ここで改めて、注意事項をまとめておきます。
1、ジョーを押しすぎないこと
2、視差がないようノギスとの面の真上で読むこと

2-4 ノギスを使ってみよう

(1) ノギスのあてかた

さて、いよいよ実際にノギスを使って測ってみましょう。

測定したい物によって、ノギスのあて方の簡単なものと、難しいものとがあります。その理由を考えるために、「自由度」と「拘束条件」という言葉を使って説明します。

例えば、**図2-15**のように、丸棒をノギスで測る場合を考えてみましょう。

スライダーを親指で押すと、ジョーの平らな部分と円筒面がなじんで落ち着く角度がありますね。棒の中心軸とノギスの軸線（白い直線）が直角に交わっています。円筒を中心軸にそって回転させても、あるいは、円筒面のどこで測っても同じ直径になります。

このように、直角（あるいは平行が必要な関係を「拘束条件」、傾いたり移動していてもよい関係を「自由」と呼ぶことにして、ノギスの当て方の関係を考えていきましょう。

このとき、全て「自由」ならノギスの当て方は極めて簡単。「拘束」が多いほどノギスの当て方が難しくなります。

測定したい物は三次元なので「拘束」と「自由」の合計は三つあります。

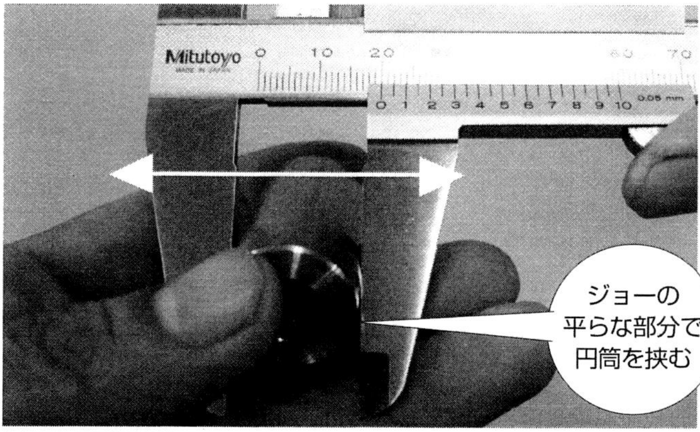

図2-15 ノギスの当て方

丸棒を測定するときの拘束条件1と自由度2とは…

●自由度　1（旋回も平行移動もOK）

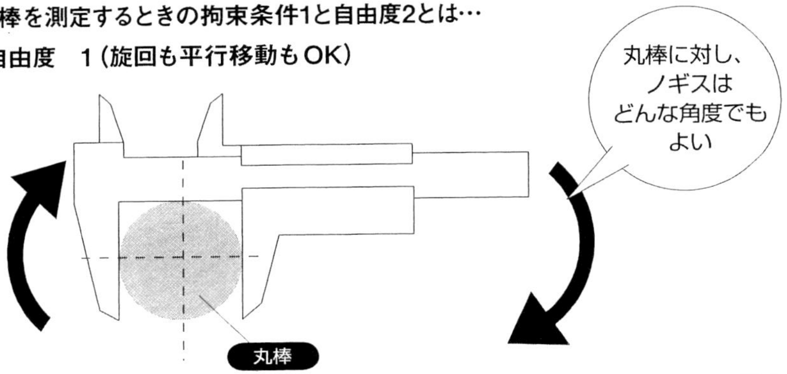

図2-16 ノギスの正面からみると

●自由度　2（煽《あお》り角は自由！）

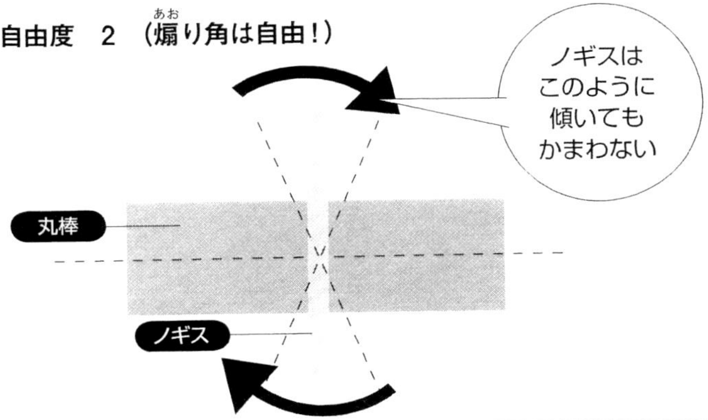

図2-17 ノギスの左前からみると

●拘束条件　（上から見たとき、丸棒とノギスは直角）

丸棒の中心軸とノギスは直角（上から見た図）

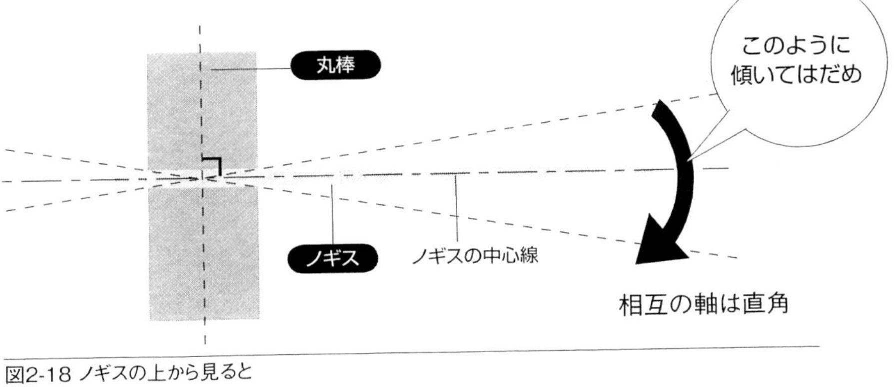

図2-18 ノギスの上から見ると

いかがですか？　拘束条件と自由度、お分かりいただけましたか。
それでは、いよいよ実際にノギスを使って、いろいろな形状のものを測ってみましょう。

（2）球の直径を測る（図2-19）…自由度3

最初はピンポン球です。球をジョーで挟むだけですね。

この場合、拘束条件は一つもなく、傾き、旋回、煽《あお》りの3軸どのように回転しても球の直径は同じです。これは自由度3です。

しかし、ジョーより大きな半径の球は測定できません。

図2-20はソフトボールですが、ジョーの長さよりボールの半径の方が大きいので、ノギスをどう当てても直径を正しく測ることはできません。

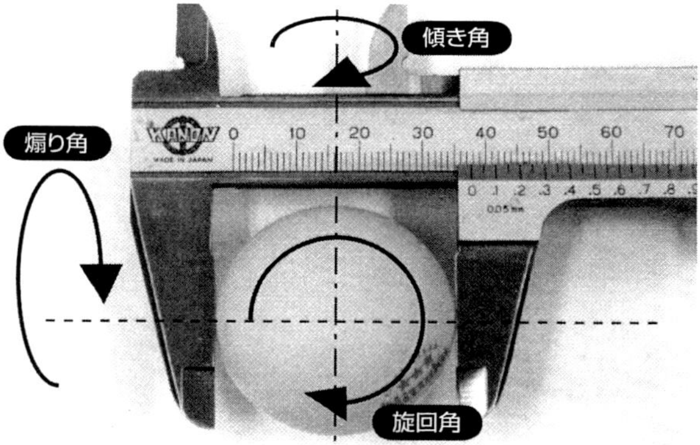

図2-19 ピンポン玉の直径を測る

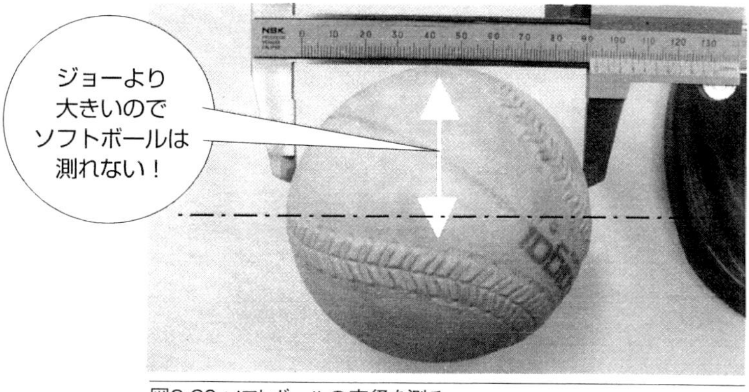

図2-20 ソフトボールの直径を測る

(3) 丸棒の直径を測る…自由度2、拘束条件1

丸棒の直径を測定する場合、棒をジョーで挟めばOKです。

実際の測定での失敗例をご紹介しましょう。

図2-21は旋盤で加工した直径を測るときのものですが、中心軸に対しノギスが傾いてしまいました。

点線（工作物の中心線に垂直に交わる線 **- - -** ）にノギスをあわせたいのですが、このように傾いてしまっては正しく読めません。

このような場合、旋盤の構造物のエッジとノギスのエッジを目で透かして見て、大まかな平行や直角に見当をつけると合わせやすくなります。

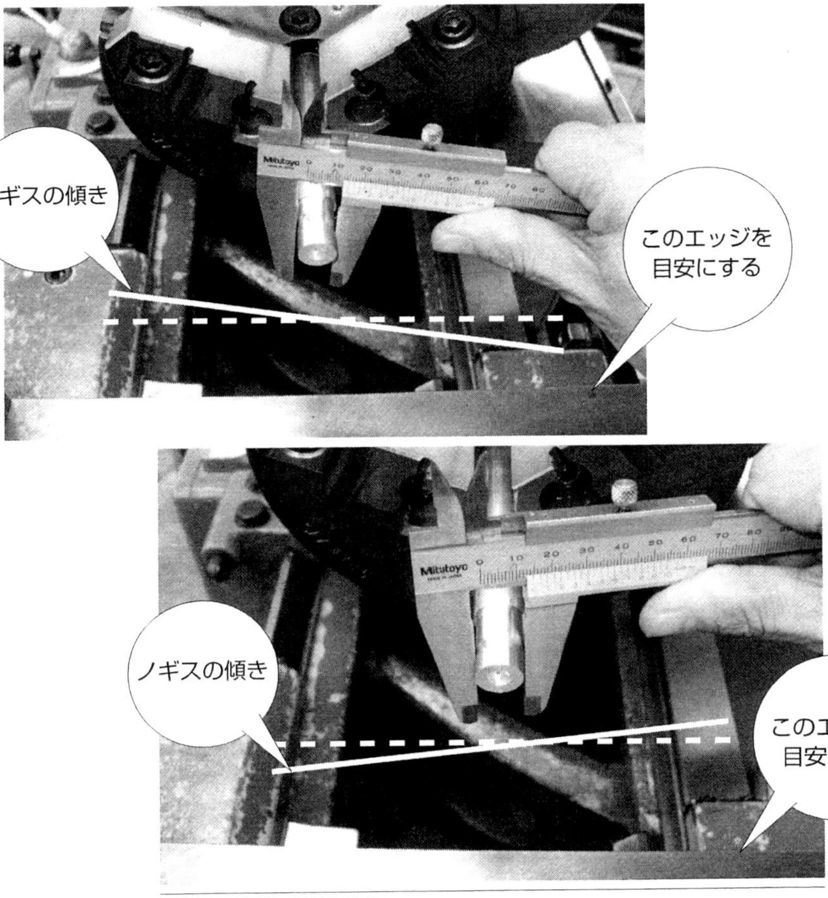

図2-21 丸棒の直径を測る

(4) 大きな径の丸棒を測る…自由度2、拘束条件1

次に、大きな直径の丸棒やパイプの太さは測れるでしょうか?

ノギスのジョーよりも大きな半径の円は、先のソフトボールと同じで、そのまま測ることはできません。困りましたね。

しかし、円筒の端なら大丈夫。**図2-22**のようにノギスの煽り角が自由(円筒測定の場合)を生かして、メインスケールを端面にまたがせてノギスのジョーで直径部分を挟めばいいのです。

それでは、端面ではない中間部分の直径は、どうしますか?

でもご安心を! この章の最初の写真(図2-1)で紹介した大径用ノギスを使うか、後の章で解説するパスを使って測ることができます。

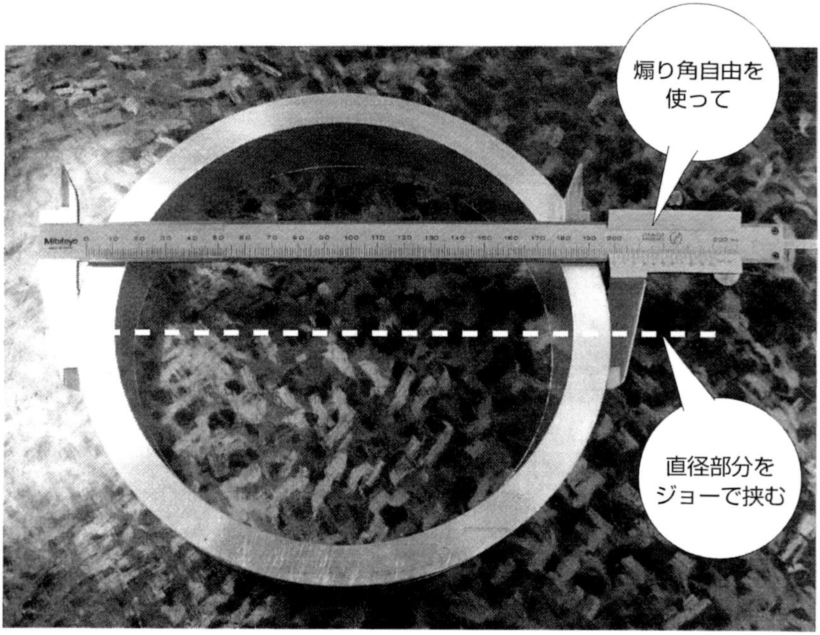
煽り角自由を
使って
直径部分を
ジョーで挟む

図2-22 大きなパイプの直径を測る

ここがポイント!

自由度2:煽り角自由なので端面とまたいでノギスを当ててもよい。

(5) 板やブロックの幅を測る…自由度1、拘束条件2

板の厚さやブロックの長さを測定する場合は、平行に向き合っている面の距離を測ることになります。

したがって、ジョーの平面で測定したい平面を隙間なく挟めていればよいことになります。

この時、ジョーの平面が大きいのでスライダーを軽く押してやるだけで隙間なく上手に挟めます。

図2-23のような分厚いブロックならジョーを合わせやすいのですが、薄い板や角棒は注意が必要です。丸棒のときに比べて拘束条件が一つ余分に加わる分だけ、測定が難しくなりました。

JISに準拠したノギスはジョーの精度が高く、外形測定に関して測定の再現性がよいので読み取り精度も十分信頼できます。

ここがポイント!

拘束条件2：測定面とジョーは平行かつ密着
自由度 1：煽り角·平行移動自由

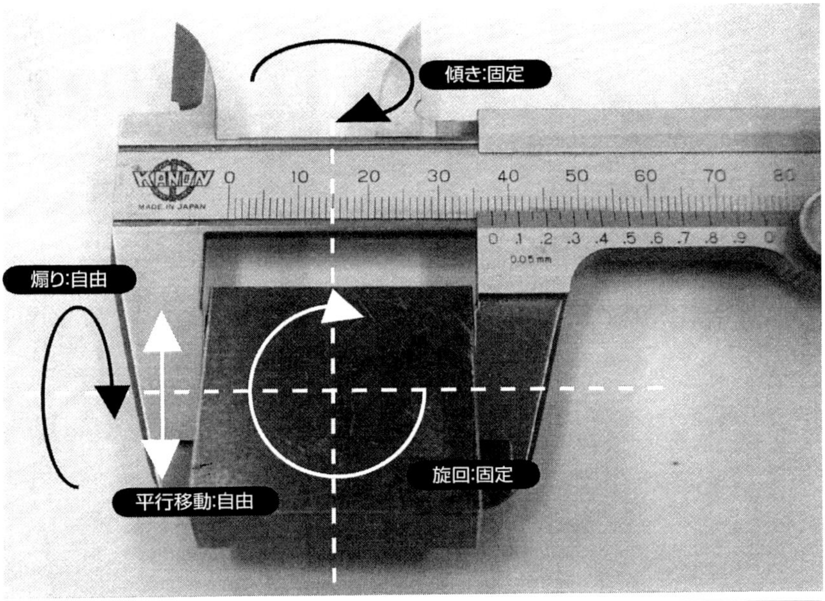

図2-23 ブロックの幅を測る

図2-25はみな失敗です。どこが失敗か探してみてください。

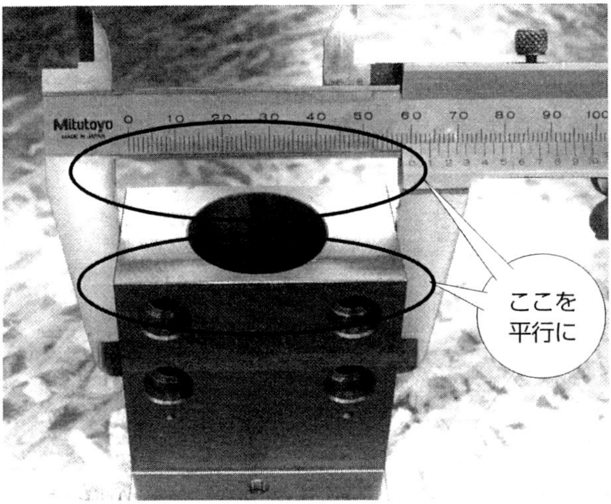

図2-24 四角の部品の幅を測る

ここがポイント!

安物のノギスはジョーの厚みが薄かったり、平行面の精度が不十分だったりして、信頼性が低くなります。

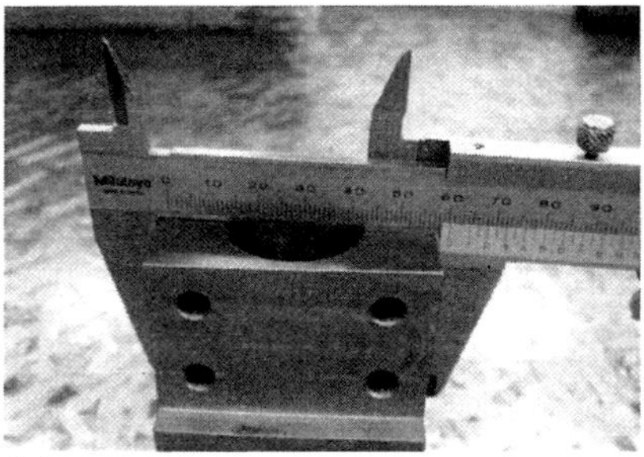

(a)

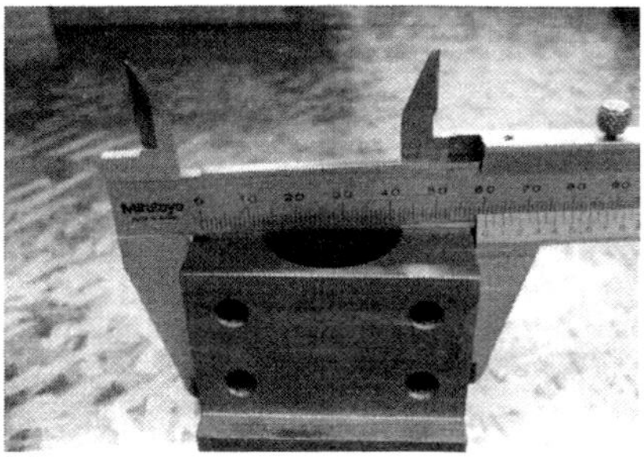

(b)

(c)

(d)

図2-25 どこが間違っているでしょうか?

(6) 段差を測ってみる…自由度1、拘束条件2

段差の測定はデプスバーかステップを使います(図2-26)。

ブロックを測定するときと条件は同じですが、デプスバーを使うときは基準面が狭いことから、実際にはブロックの測定より難しくなります。

加工の都合上、溝の隅は小さなRが付いているので、そこにデプスバーやステップの測定部分がかぶると誤差になります。

デプスバーの逃げのある方を内側にしたり壁から少し離します。

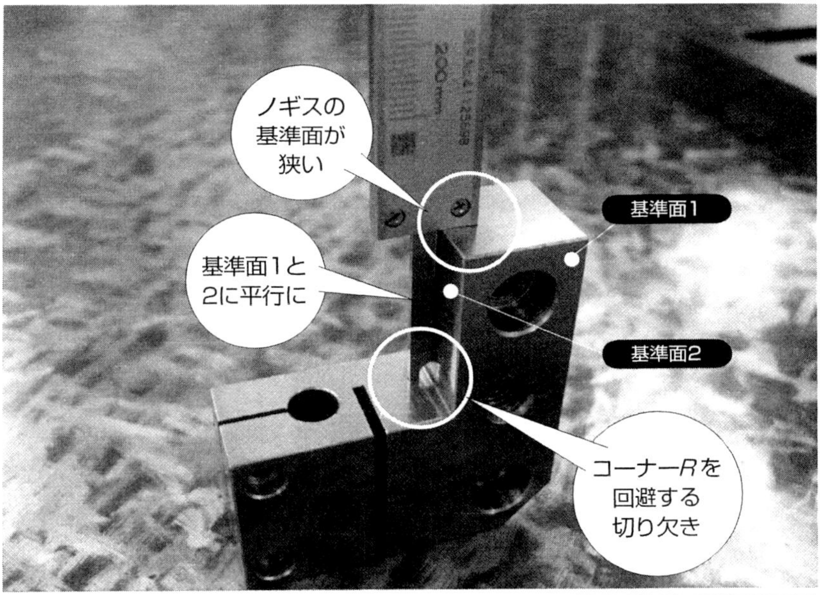

図2-26 デプスバーで段差を測る

ここがポイント！

自由度1：煽り角自由
拘束条件2：平面に平行

ステップを使うとずっと測りやすいのですが、ここで注意!

角には必ずコーナー*R*が付いています。ノギスのステップ測定はこの*R*を避けて、基準面からわずかにノギスを離します(図2-27)。

これがみそですね。

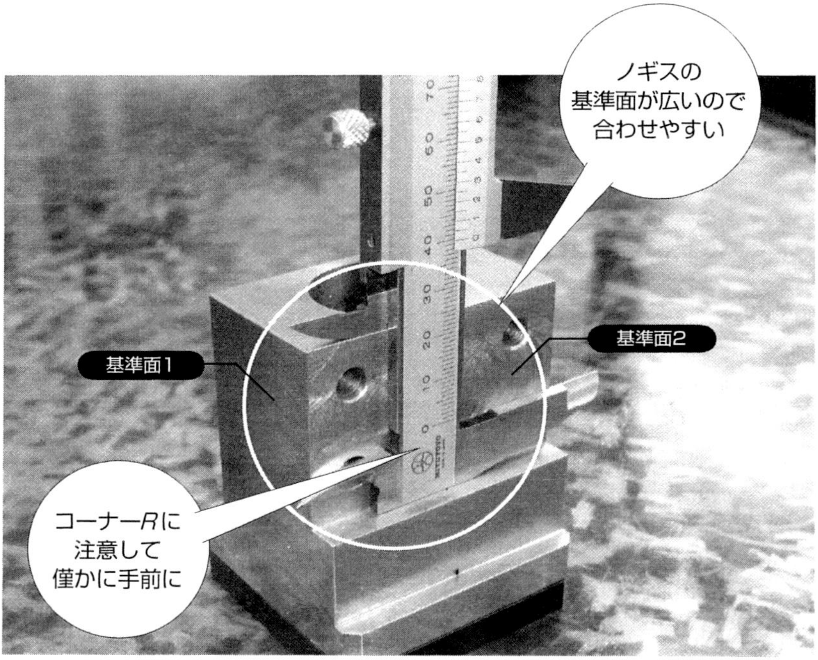
ノギスの
基準面が広いので
合わせやすい
基準面2
基準面1
コーナー*R*に
注意して
僅かに手前に

図2-27 ステップで段差を測る

ここがポイント!

段差測定にはコーナー*R*のことをお忘れなく!!

(7) デプスバーで穴の深さを測る…自由度1、拘束条件2

次は穴や溝の深さです。

段差測定でも使った、デプスバーを使って測ります(**図2-28**)。

この場合、条件は板の厚さや段差測定の場合と同じですが、穴の底には切りくずやゴミが残っていませんか?

小さな溝や穴はデプスバー側のノギスの基準面がうまく使えるので垂直に立てやすく、その分だけ測定が楽になります。

しかし、実際にはドリル穴は底が円錐になっているので、正確な深さは測れません。

ここがポイント!

拘束条件2 : 基準面に垂直、穴の中心軸に平行
自由度 1 : 穴の軸に対し平行なら煽り角自由

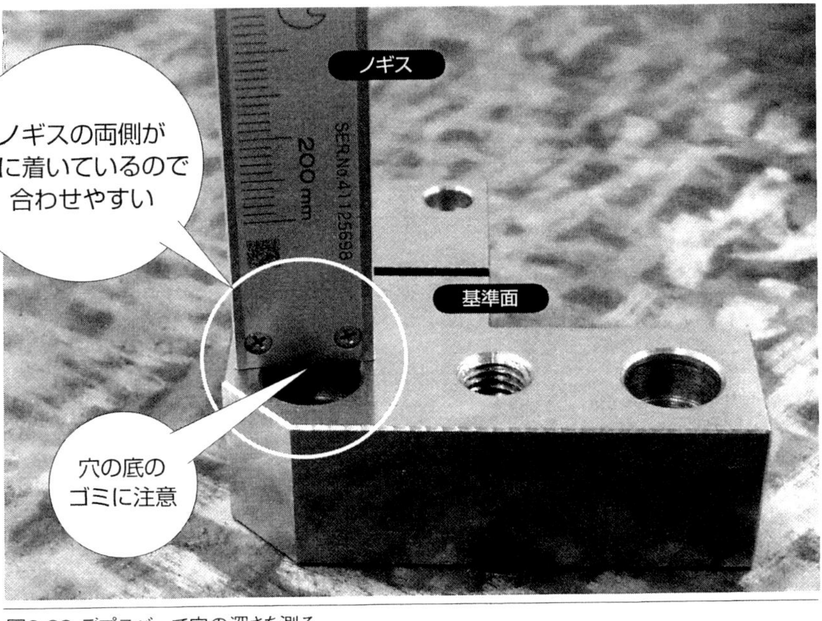
ノギス
ノギスの両側が面に着いているので合わせやすい
200 mm
基準面
穴の底のゴミに注意

図2-28 デプスバーで穴の深さを測る

(8) 内径を測る…自由度1、拘束条3

狭い溝の幅を測定するときはクチバシを使います(図2-29)。

ところが、クチバシを使った測定はジョーを使う場合より難しいのです。

その理由は、ジョーは挟む部分の平面が大きく取ってあるので単に挟むだけで拘束の条件(測定したい物とジョーの面が倣うこと)を満たしてくれたのですが、クチバシは倣う面が小さいため、単純にスライダーを動かすだけでは拘束の条件を満たしません。

測定する人が拘束の条件をよく見て合わせる必要があります。
小さい内径にクチバシをあわせることを考えてください。もし、クチバシの面積が大きかったら困ります。

したがって、内径に当たる部分の面積はごく狭くできています(図2-30)。

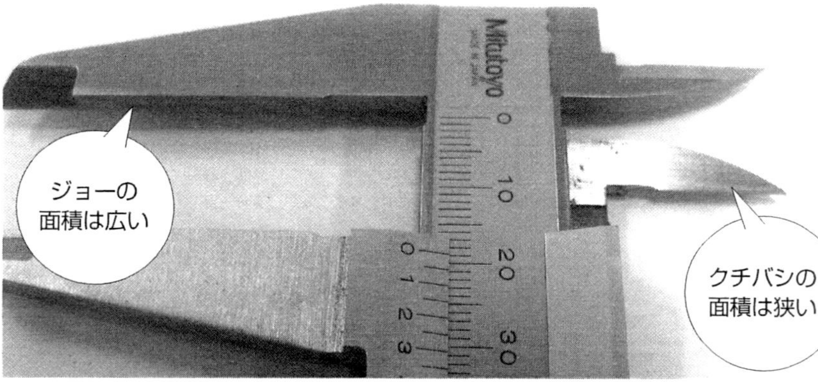

図2-29 内径を測るのは難しい

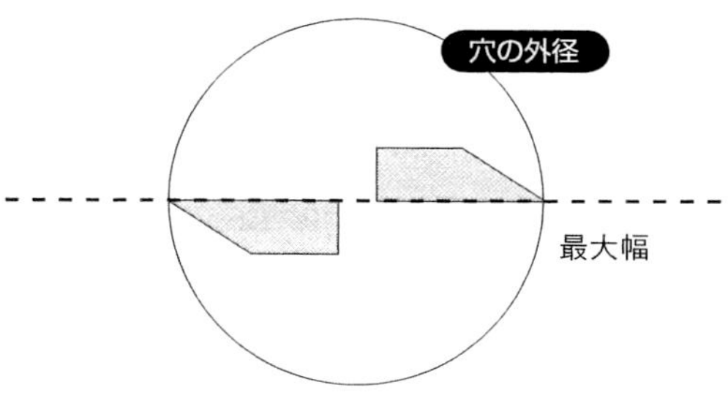

図2-30 ノギスのクチバシ

ここがポイント!

内径測定は拘束条件が1つ増える。内径の最大幅にクチバシが当っていなければならない!

さて、実際に内径を測ってみましょう。

まず最初に穴の中心軸に直交する平面にノギスを直角・平行に合わせます。次に内径にクチバシを当てるとき、内径の最大幅をクチバシが捕らえていることが大切です(**図2-31**)。

丸棒の直径を測るときと比べると、内径の最大幅という条件が加わり、拘束3条件となりますが、最大径を捕らえるところで誤差が出やすいため、ノギスを使った測定では最も難しいものです。

しかし、内径測定は機械加工現場で頻繁に出てきますから、しっかりマスターしたいですね。

以下の**図2-32**は失敗例です。さて、どこが違っているでしょうか。

図2-31 内径を測る

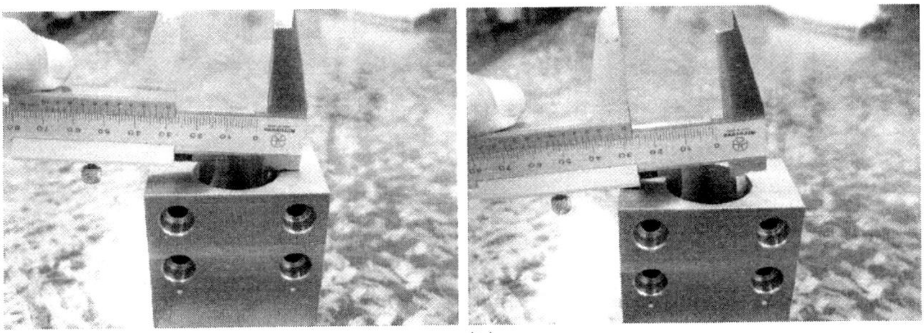

(a)　(b)

図2-32 どこが間違っているのでしょうか?

(9) 溝幅を測る…自由度1、拘束条件3

次は溝の幅を測ってみましょう(図2-33)。

溝幅もクチバシを使うので、クチバシの難しさを思い出してください。

狭い溝で実際によくあるのはOリング溝です。

真っすぐな溝幅を測定する場合は煽り角に自由度がありますが、丸い形状の場合は煽り角も円の中心軸に合わせる必要があるので煽り角の自由度がなくなります。

このように溝の幅の測定はクチバシの合わせ方が最も難しい測定になります。

ノギスのジョーが邪魔になって溝にクチバシを当てることができない場合、溝用ノギスや内パスを使います。

クチバシを
溝に沿わせ
ノギスを基準面に
垂直に立てる

図2-33 リング溝の幅を測る

ここが ポイント!

自由度1: Oリング溝中軸にそって旋回自由
拘束条件3 : 2平面に平行、煽り平面は中心軸に一致

(10) 応用編・ねじ穴間のピッチを測る…組み合わせの測定

それでは応用編を一つ紹介します。

ねじ穴のピッチ(間隔)を測りたいことはよくあります。しかし、これがなかなか難しい。そこで簡便な方法を紹介しましょう。

私たちは、ねじ穴に実際にねじを挿入し、ねじの外径を測り、2本のねじの外側の寸法からねじ径を引きます。これをねじ穴のピッチとしています。

図2-34では、ねじの直径は2.9mm、2本のねじの外側の寸法は15.7mm、

15.7－2.9＝12.8

測定結果は12.8mmとなります。

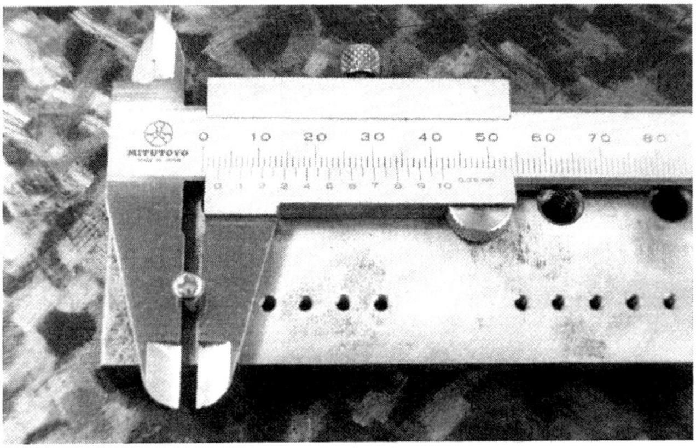

まずはねじの外径を測る

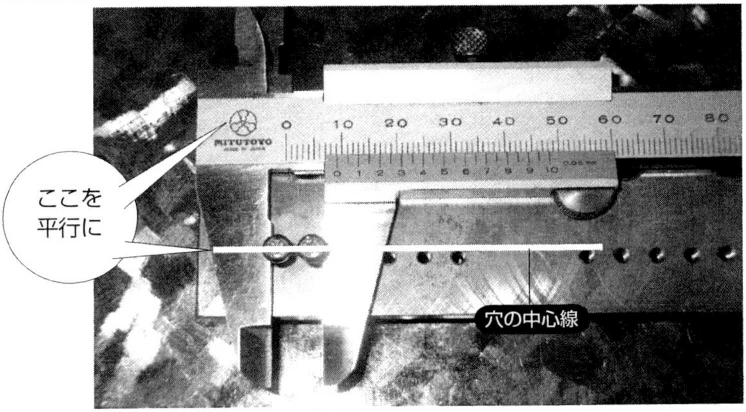

図2-34 ねじ穴のピッチを測る

2-5 ノギスの校正と手入れ

バーニア式ノギスはジョーによる測定しか精度を保障していません（図2-35）。

したがって、ジョーで測定する精度を見れば検査はOKとなりますが、クチバシやデプスバーも精度確認をしておきたいものです。

ノギスやマイクロメータを校正する場合はブロックゲージを用います。ブロックゲージは第7章で紹介します。

(1) ノギスの簡単な検査方法

何も挟まないでスライダーを押し付け、目盛りゼロとしてジョーの隙間から光が漏れないかを見ます。このとき、光が漏れてくるようでは失格。ぴたっとかみ合って、光が漏れてこなければOKです（図2-36）。

スライダーを押しすぎると光が漏れてきませんか?

このときの押す力を覚えて置いてください。実際に測るとき、そんなに強く押してはいけないのです。

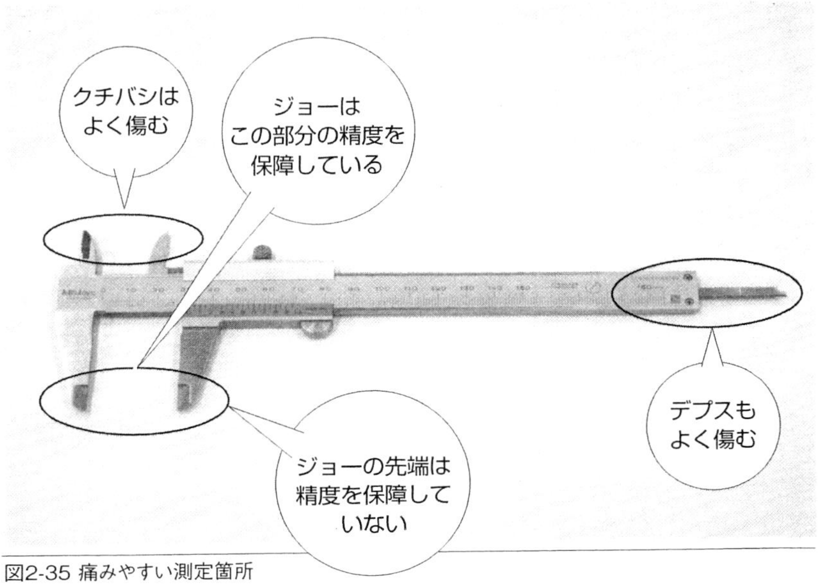
クチバシは
よく傷む
ジョーは
この部分の精度を
保障している
ジョーの先端は
精度を保障して
いない
デプスも
よく傷む

図2-35 痛みやすい測定箇所

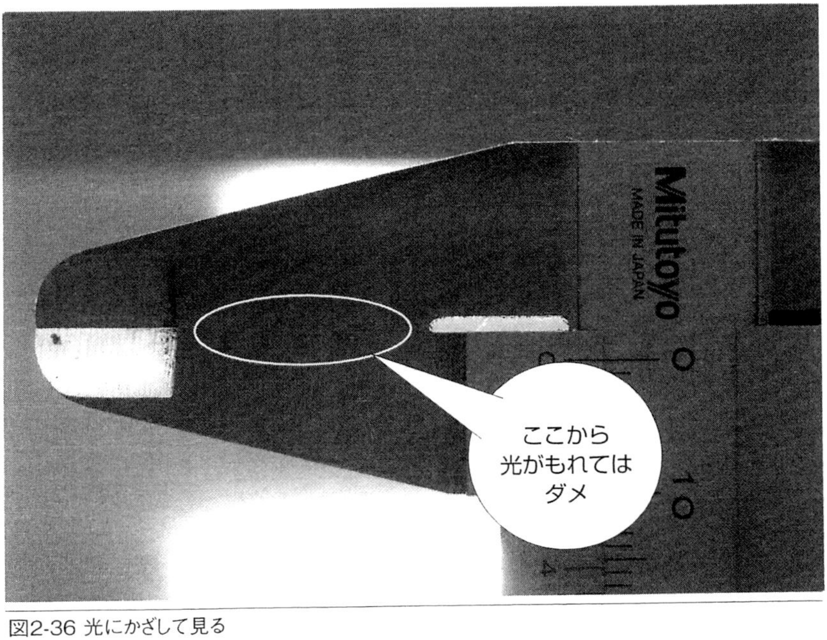
Mitutoyo
MADE IN JAPAN
ここから
光がもれては
ダメ

図2-36 光にかざして見る

(2) ジョーとクチバシの精度確認

50mm、100mmなど適当な長さの基準をブロックゲージで作り、これをノギスで測定して精度を確認します（図2-37）。

ブロックゲージとアクセサリーセットを組み合わせば長さ基準が簡単に作れます（第7章参照）。

ブロックゲージがなければ、マイクロメータの校正用に入っている基準棒が使えます（図2-38）。

このような測定工具の精度確認はときどき実施します。このような作業をトレーサビリティの検証といいます。

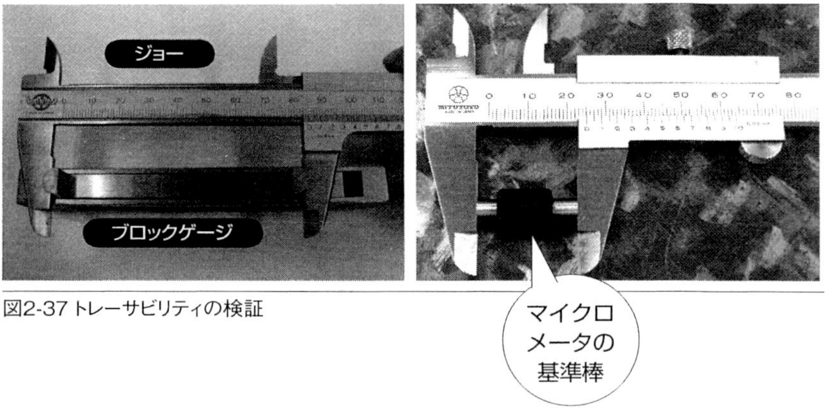

図2-37 トレーサビリティの検証

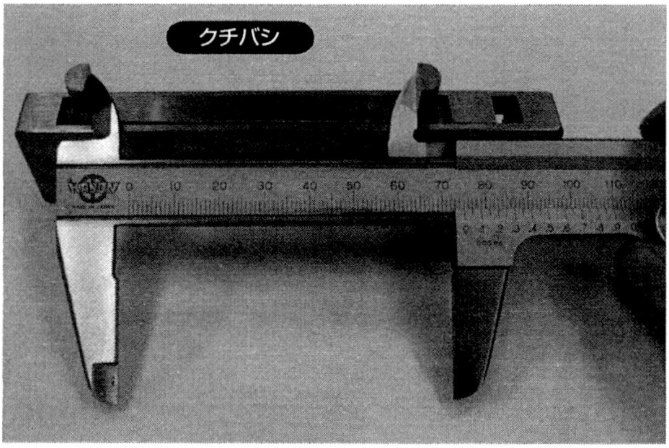

図2-38 ブロックゲージがなくても

(3) クチバシの手入れ

ノギスを使っていると、ノギスを落としたりどこかにぶつけて、クチバシの先端やデプスバーをつぶしたり曲げてしまった経験があると思います。

クチバシをつぶしてしまったとき、先端の変形が軽度なら自分で直してみましょう(**図2-39**)。

まず最初に、目盛り0でスライダーを固定し、油目のやすりを使って、変形した部分を削り落としたり、変形して盛り上がった部分をとり除き、クチバシの先端が同じ形状になるようにします(**図2-40**)。

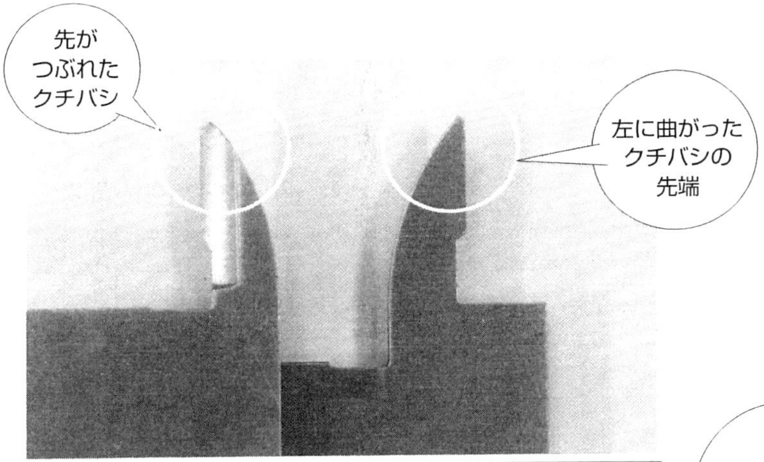

図2-39 つぶれたクリバシ

図2-40 クチバシを修理する

次に、先端を油砥石で研磨し、先端の形状をそろえます。

使っている砥石は三角型です。小さくて平面がでているので、こうした細かい箇所の修正作業にはもってこいです（**図2-41**）。

砥石での研磨はやりすぎないことが大切です。本来の平面やエッジを損なわないように、やすりで整形した面を滑らかにすることと、わずかに残っているバリをとることぐらいです。

図2-42は新品と比較するために左手用のノギスと向かい合わせて撮りました。いかがですか？先端の鋭さはなくなりましたが、ちゃんと測れるようになりました。

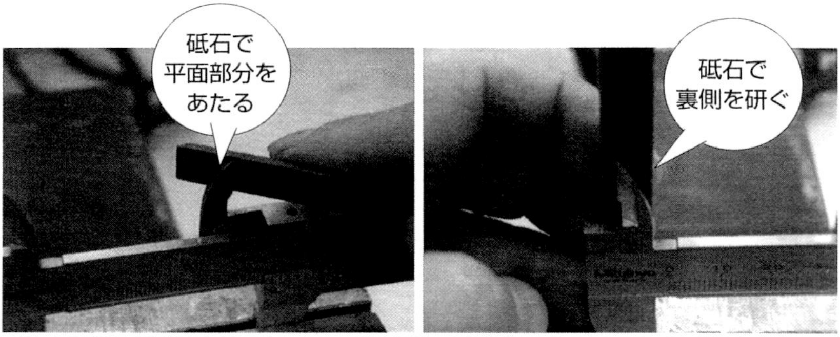

図2-41 砥石で仕上げ

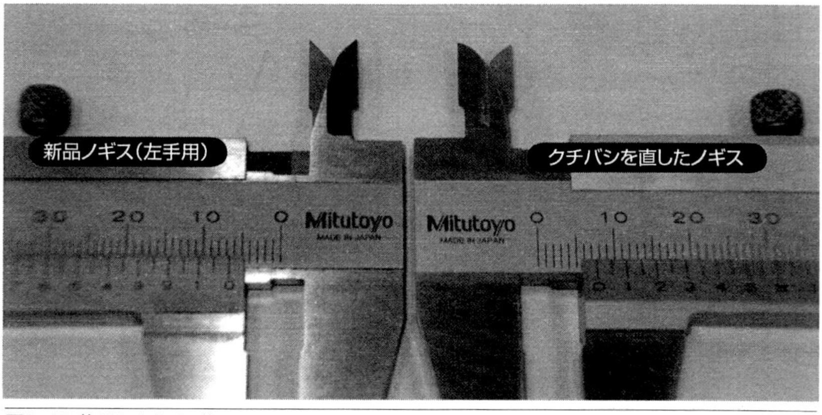

図2-41 修理したクチバシ

ここがポイント！

ノギスのクチバシが不幸にしてつぶれてしまったとしても、自分で治して、精度確認をすればよいのです。

(4) ステップとデプスバーをみる

M型ノギスは段差や穴の深さを測るために、ステップやデプスバーを備えています。

ステップやデプスバーは測定精度を要求されるような目的には向きませんが、それでもちゃんと測れることをみておきましょう。

ステップもデプスバーも、第5章「定盤」で紹介する、Vブロックやマスをジョーで一度測っておいて、それを定盤の上に置き、ステップやデプスバーで測りなおし、同じ値になればよいのです。

もし、この測定で同じ値にならなかったら、ステップやデプスバーの基準面となる部分が傷んでいないかを調べましょう。

まずは目で見てください。その後、ナイフエッジや小型ストレートエッジ、なければ150mm のスケールを使って、基準面の平面性を確認します。ジョーの噛み合わせを見たように、照明にかざして光が漏れなければいいでしょう。

ノギスのジョーを合わせたとき、ステップの高さが一致していなければなりません(**図2-43**(a))。

ナイフエッジをあてて、光が漏れなければOKです。

デプスバーも同様、デプスバー側にナイフエッジをあてて、特にバーの先端がそろっているかを確認します(図2-43(b))。

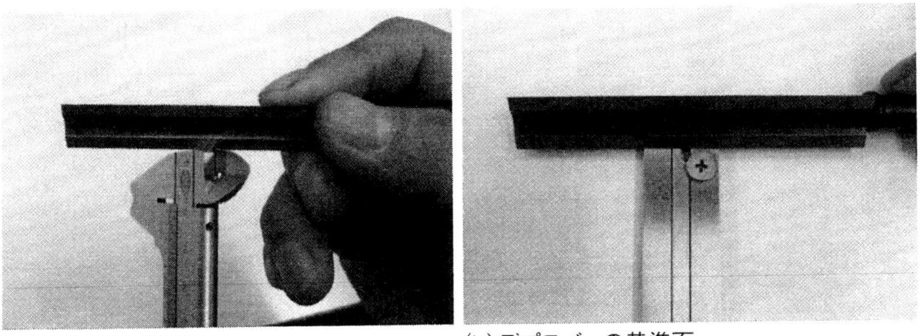

(a)ステップの基準面　(b)デプスバーの基準面

図2-43 ステップとデプスバーをみる

②-⑥ ノギスの仲間

第2章の重要な項目は終了しましたので、ここからは気楽に付き合ってください。

この項では変り種のノギスやバーニアスケールを利用した測定工具を紹介します。

(1) BC 型ノギス

これまではM型ノギスを中心に話を進めてきましたが、大型ノギスはBC型がほとんどです。

バーニアスケールの読み方など基本は同じですが、M型とは少し違うところもあるので、ここで簡単に紹介します。

図2-44、**45**に示すように、クチバシがジョーの下にあり、スケールがジョー対応とクチバシ対応の2段になっています。

図2-44 BC型ノギス

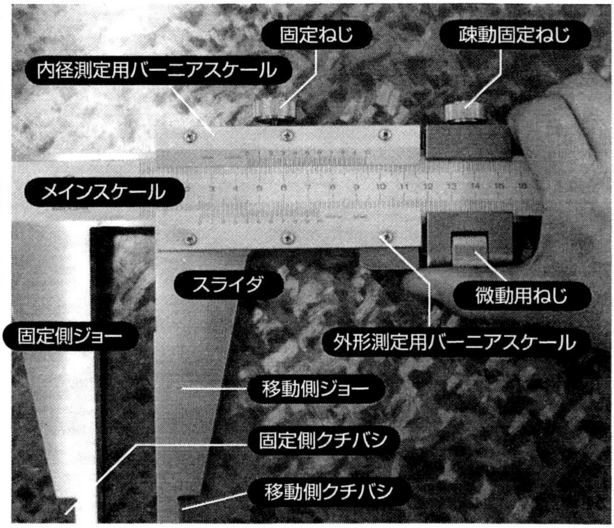

図2-45 BC型ノギスの主要部と名称

BC型ノギスを使った測定で特に変わったことはありませんが、ノギスが重いので両手で操作します。

ステップとデプスバーに相当する部分がないので、段差測定などはできません。

さあ、それではBC型ノギスで寸法を測ってみましょう。

図2-46はフライス盤の加工途中のものです。BC型ノギスの外形測定ジョーで工作物を挟みました。

さて、ノギスの読みは?外側なので、下の段のスケースを使います(**図2-47**)。

目標値405.0mmですが、合っているように見えますか?

図2-48のように両手で取り扱います。

図2-46 500mmのBC型ノギス

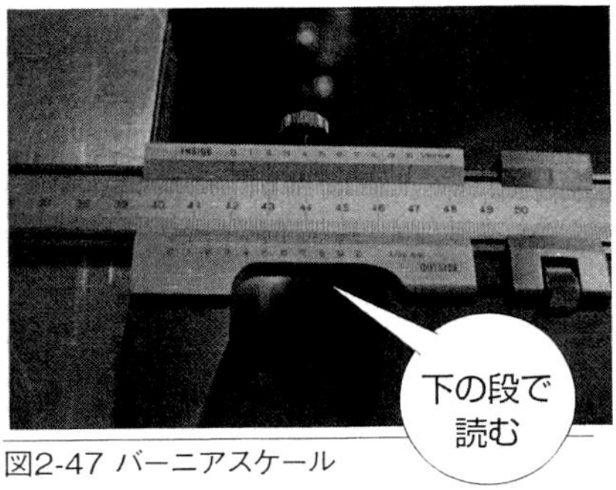

図2-47 バーニアスケール

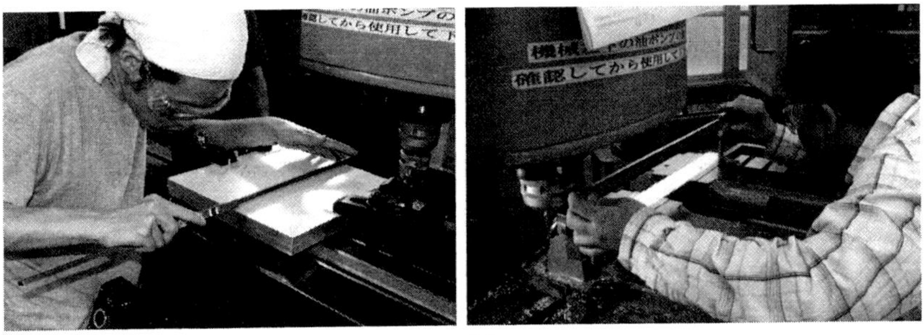

(a) (b)

図2-48 視差に注意!

(2) デプスゲージ

ノギスには面白い変り種があります。段差測定専用のデプスゲージなどバーニアスケールを利用した測定工具です(**図2-49**)。

このデプスゲージはメインスケールが上下し、バーニアスケールのついている方に基準面を持たせています。

機械の中にもバーニアスケールを利用した部品や装置があるので、皆さんも見つけてみてください。

(3) ダイヤル式とデジタル式のノギス(図2-50)

寸法を読む目盛りを、バーニアスケールではなく、ダイヤルやデジタル式にしただけで、あとはM型ノギスそのままです。

バーニア式より分解能が高く、読み間違いがすくないことがメリットです。

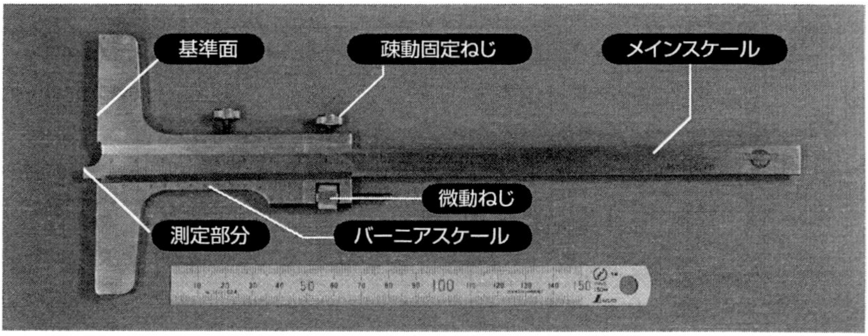

図2-49 デプスゲージ

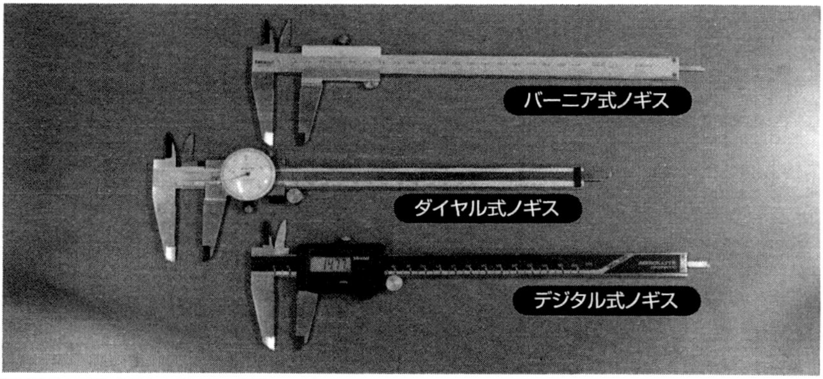

図2-50 寸法表示方法のちがうノギス

(4) ハイトゲージ

ハイトゲージは定盤の上でケガキ作業を行うときに便利な道具ですが、刃先のスクライバー部分にテコ式のダイヤルゲージを取り付けて高さの測定器にすることができます(図2-51)。

ハイトゲージにもデジタル式やダイヤル式がありますが、基本的な精度はノギスの場合と同じと考えてください。

ハイトゲージの使い方は、第5章「定盤」で詳しく解説します。

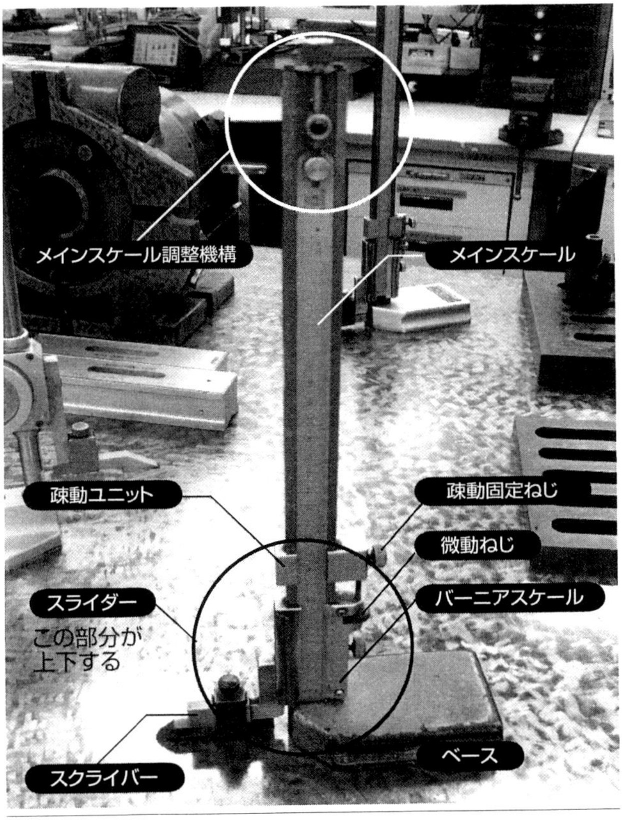

図2-51 ハイトゲージ

ひとくちコラム

ノギスの語源

さて、日本ではすっかりノギスという名称で一般的になった便利な測定工具。「ノギス」という名前は不思議な感じがします。英語ではバーニアキャリパー(Verner Callprer)といいます。ではどうして、日本では「ノギス」というのでしょうか。

一説ではノニウス(ポルトガル)が発明した数学的手法をバーニア(フランス:Verner)がスケールに応用したときに、ノギスという名前を付けたとされています。

それがイギリスに伝わったときには発明者の名前を冠したバーニアスケールとなり、フランスやドイツでは原理の考案者からノギスとなりました。

明治維新のころ、すでにノギスは発明されていますが、日本で普及したのは第一次世界大戦以後ではないかと思います。

第一次世界大戦で中国の遼東半島を戦場として戦った日本は多くのドイツ人を捕虜としました。まだこの時代、日本は世界の文明国になりたいとして、国際法を遵守し戦争捕虜を手厚く遇しました。

このときに、捕虜となったドイツ人が近代的な工業技術を日本に伝え、定着させたのです。そういえば、日本で始めてベートーベンの第九が演奏されたのも、ドイツ人捕虜が結成したオーケストラでした。

この時期にドイツ人捕虜によって作られ、日本人に作り方も伝わったのではないかというのが私の勝手な想像です。

今思えば、西洋文化を一生懸命取り入れようとした明治後期~大正は、日本の誠実な国柄が輝やいた時代といえるでしょう。

第3章

マイクロメータ

3-1 マイクロメータの特徴

マイクロメータは「アッベの法則」に合った、測定誤差の少ないことが特徴の測定工具です(図3-1)。

精密なねじの回転を利用し、ねじの外周に目盛りをつけることによって分解能10 μmの読み取りを可能にしています。

バーニア目盛りをつけたものは分解能1 μmのものなど、多くの種類があります。

測定圧を一定にすることができるラチェット機構や、フレームを直接手で触っても手の熱が伝わりにくくしたプラスチックガードなど、マイクロメータにはさまざまな工夫があります。

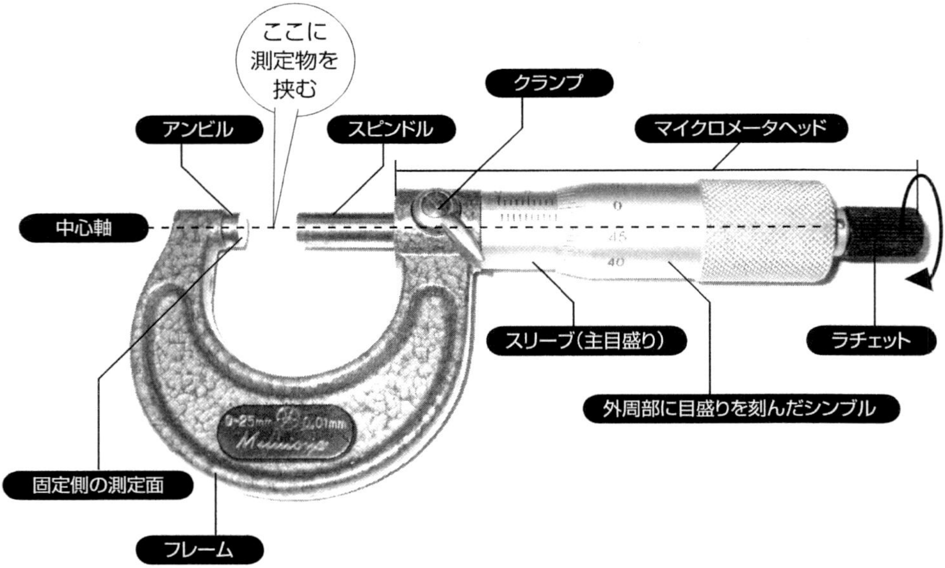

図3-1 マイクロメータ 各部の名称

マイクロメータは25 mmごとになっています。それは、マイクロメータの回転して目盛りを読む部分が全て共通になっているからです。この部分をマイクロメータヘッドといいます。

マイクロメータの各部の名称は今後の説明でよく使いますので、ここで一通り説明します。

測定子先端部(アンビル)はすり減らないように超硬合金になっています。これはなぜかというと、マイクロメータヘッド側が回転するので測定の度に先端面が測定物と擦れ合って磨り減ってしまうのを防いでいるのです。

アンビルが平行でないと正しい測定ができないので、これを見るために、オプティカルフラットを挟んでニュートンリングを見ます。きれいな虹が出たら、測定子の面は平行ではありません(**図3-2**)。

図3-3は大きい順に並べたものです。

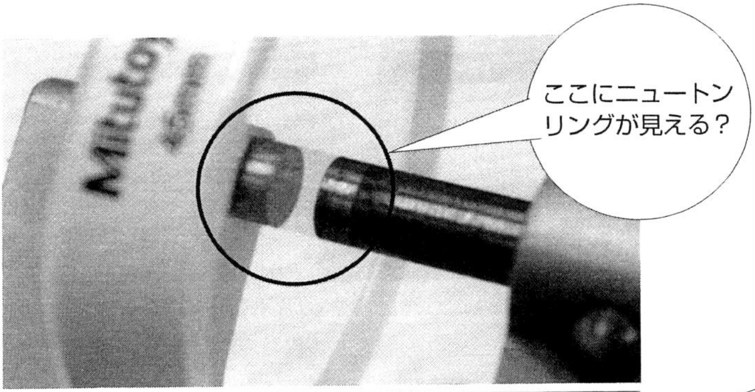

図3-2 アンビル

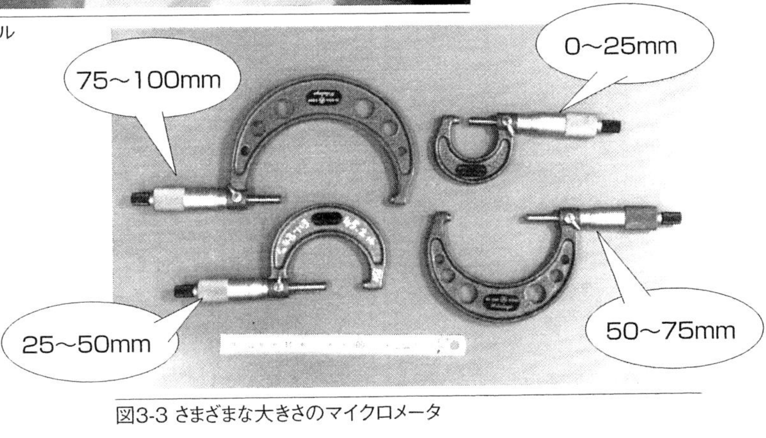

図3-3 さまざまな大きさのマイクロメータ

3-2 マイクロメータの仲間たち

マイクロメータの原理はとても便利で精密な測定ができるので、さまざまに応用されています。外径の測定だけでなく、内径、段差、深い穴の内径など、測定物の形状や特徴によってさまざまな種類のマイクロメータが作られました（**図3-4,5,6**）。

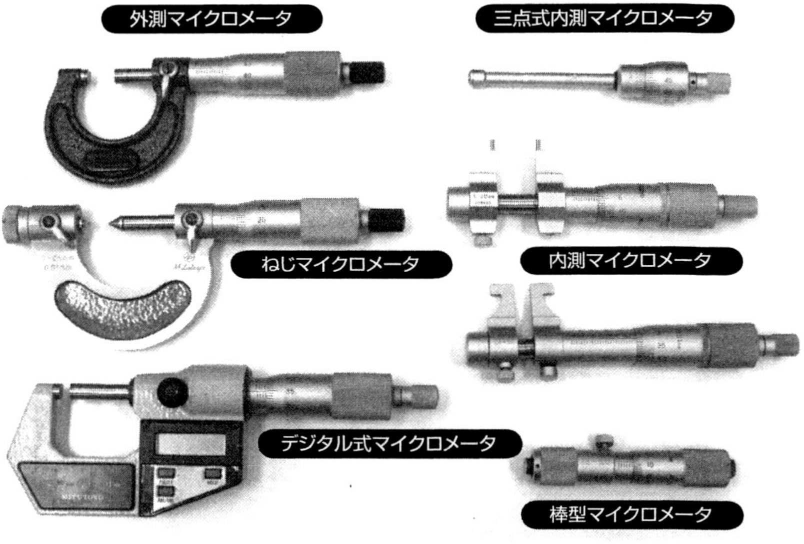

図3-4 さまざまな用途のマイクロメータ

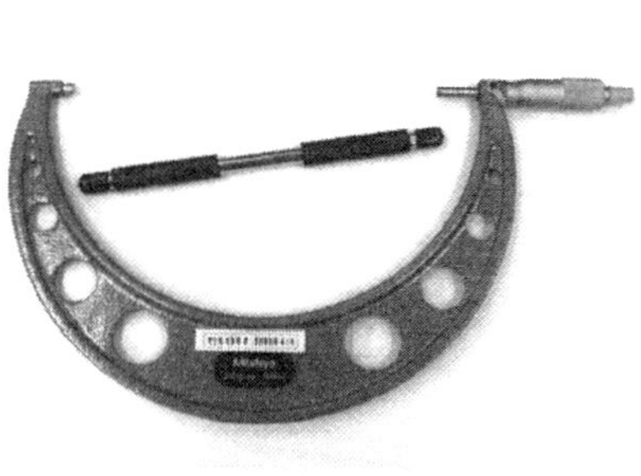

図3-5 200〜225mmマイクロメータ

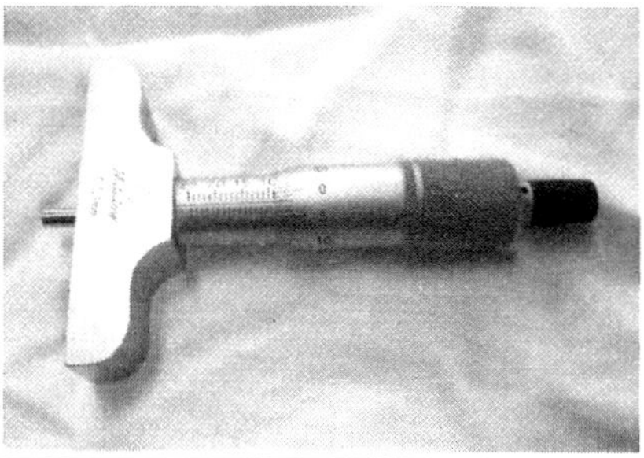

図3-6 デプス型マイクロメータ

マイクロメータヘッドも標準の25mm、10 μm読みのものだけでなく、いろいろなものがあります(図3-7)。

差動型はストロークわずか2.5mmですが分解能0.1 μmという優れものです。

小型短ストロークのマイクロメータヘッドは小型メカニカルステージの駆動と読み取り両方できる便利なアクチュエータとして使われています。

駆動と測定を兼ね備えた便利なマイクロメータヘッドは、ちょっとした装置や調整箇所に使われています(図3-8)。

身の回りにあるマイクロメータを探してみましょう。

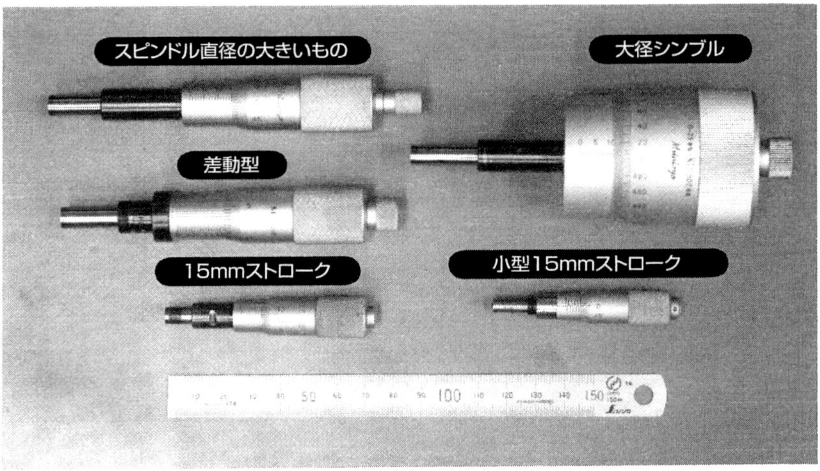

図3-7 マイクロメータヘッド

図3-8 工作機械にもマイクロメータの原理が使われている

3-3 マイクロメータで測ってみる

ではマイクロメータで測定してみましょう。

第2章のノギスと見比べてください。自由度と拘束条件はノギスとマイクロメータは同じです。

(1) 球の直径を測る…自由度3

ノギスのときと同じです。あえて言うなら測定面で挟まれた領域に球の中心があることでしょうか。

測定圧が大きくなると誤差がおおきくなるので、必ずラチェットを使ってください(図3-9)。

ここがポイント!

拘束条件0　自由度 3:傾き、旋回、煽り全て自由

(2) 丸棒の直径を測る…自由度2、拘束条件1

ノギスより簡単ですね。

ラチェットを回していくと、自然に測定子が円当面に当たって拘束条件の1つを自動的に満たします(図3-10)。

ここがポイント!

拘束条件1:傾きは直角、自由度2:旋回、煽り自由

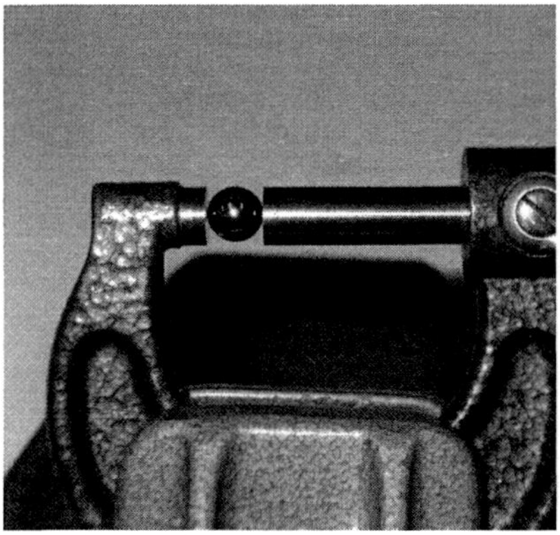

図3-9 球の直径を測る

図3-10 丸棒の直径を測る

(3) 四角いブロックの厚みを測る…自由度2、拘束条件1

これも、円筒の場合と同じく、自動的に拘束条件の一つを満足します。

同じ四角のブロックや板の厚みを測定するにも、1μmの読み取りができるもの(**図3-11**ではデジタル式マイクロメータ)を使うときは、マイクロメータや測定したいものを直接手で触ると熱膨張で誤差がでます。

マイクロメータスタンドにマイクロメータを固定し、測定したいものは精密作業用手袋を使いましょう(**図3-12**)。

ここがポイント!

自由度2:平面、旋回、拘束条件1:平面

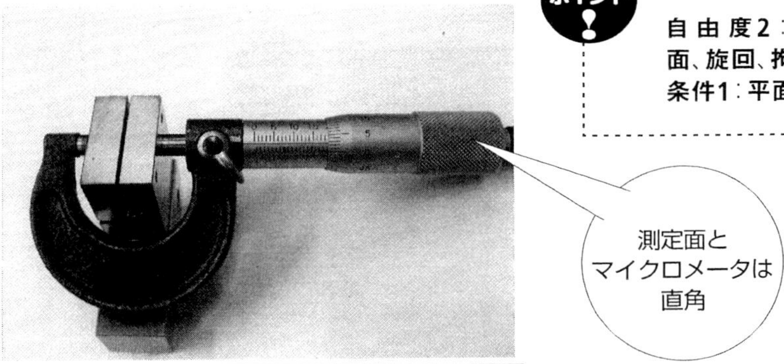

図3-11 四角い部品の幅を測る

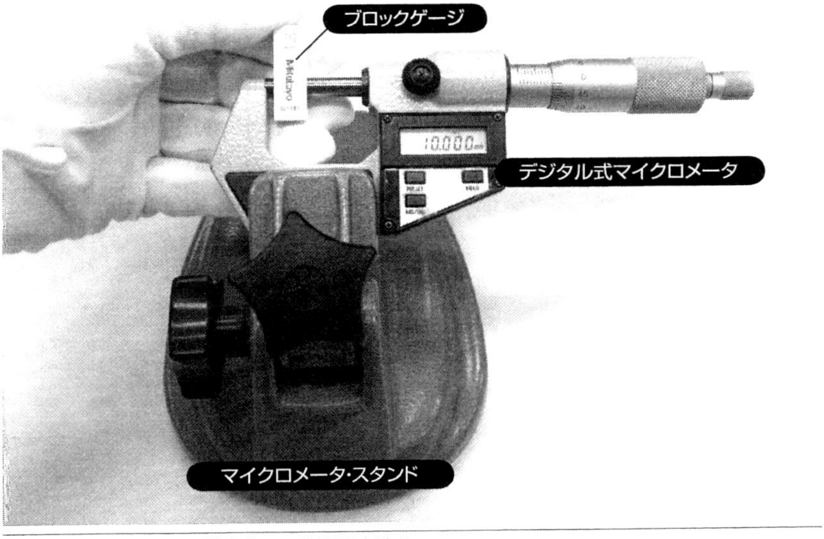

図3-12 精密作業用手袋を使って熱膨張を防ぐ

(4) パイプの内径（穴径）…自由度1 拘束条件2

内径の測定は、専用のマイクロメータを使います。内径を測るマイクロメータにはいろいろな種類があります。

キャリパ型内径マイクロメータの使い方はノギスと同じです（図3-13）。

測定する人が軸を合わせる必要があります。

内側マイクロメータは外側マイクロメータとは異なって、アッベの法則に反するので誤差がでやすくなります（図3-14）。

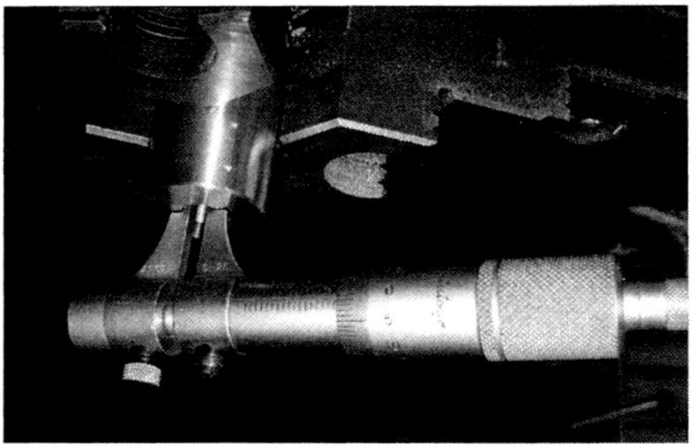

図3-13 キャリパ型マイクロメータで内径を測る

ここがポイント

自由度1：旋回、拘束条件2：煽り、傾き

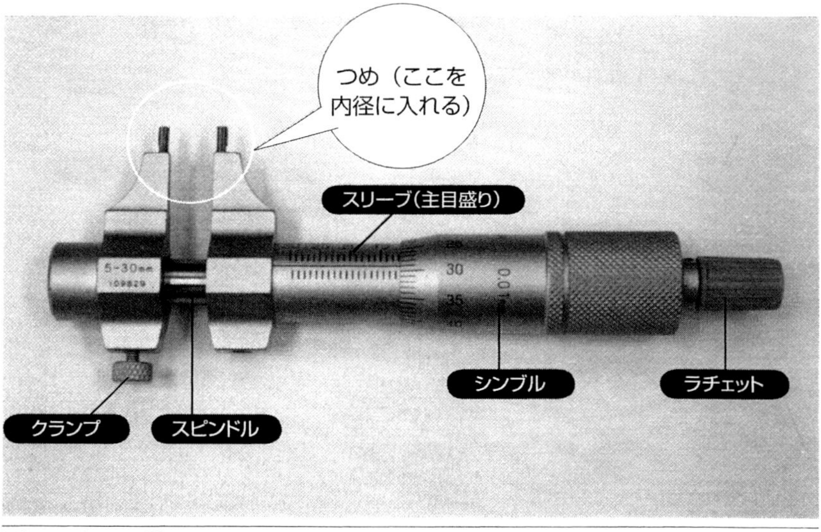

図3-14 キャリパ型マイクロメータ

3点式内側マイクロメータは2点式よりもずい分と扱いやすくなっています(**図3-15**)。

キャリパー式マイクロメータでは穴の入り口付近しか測れませんが、3点式マイクロメータやホールテストなら穴の奥まで測ることができます(**図3--16**)。

大口径には継ぎ足しパイプ式マイクロメータがあります。これは2点式と同じで、二つの拘束条件を同時に満たすことが大切です(**図3-17**)。

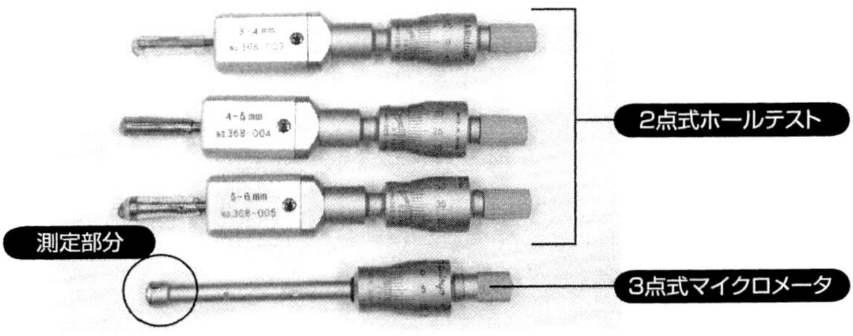

図3-15 ホールテスト

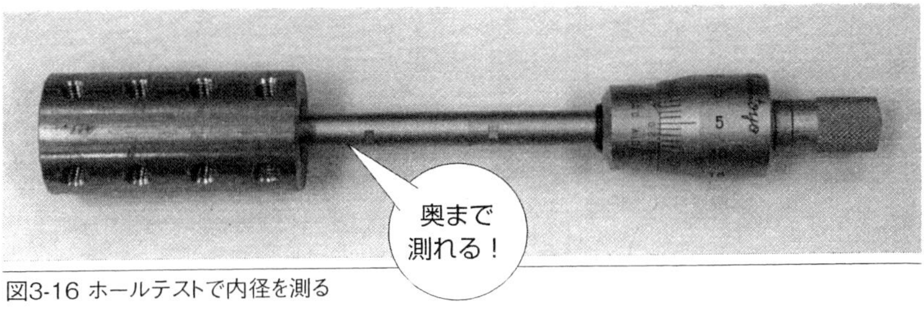

図3-16 ホールテストで内径を測る

図3-17 継ぎ足しパイプ式マイクロメータ

(5) 段の高さ…自由度2 拘束条件1

段差の測定はデプスマイクロメータを使います(図3-18)。

基準面を段差の上の面にしっかりあててシンブルを回していきます。先端が当たったら少し戻し、ラチェットを使って先端を当てます(図3-19)。

デプスマイクロメータは基準面が大きく取ってあるので、ノギスより扱いやすくなります。基準面の小さいノギスは測定者が直角に立てる必要があったのですが、デプスマイクロメータは基準面のあるベースを上から押さえるだけで、拘束条件が一つ減ります。

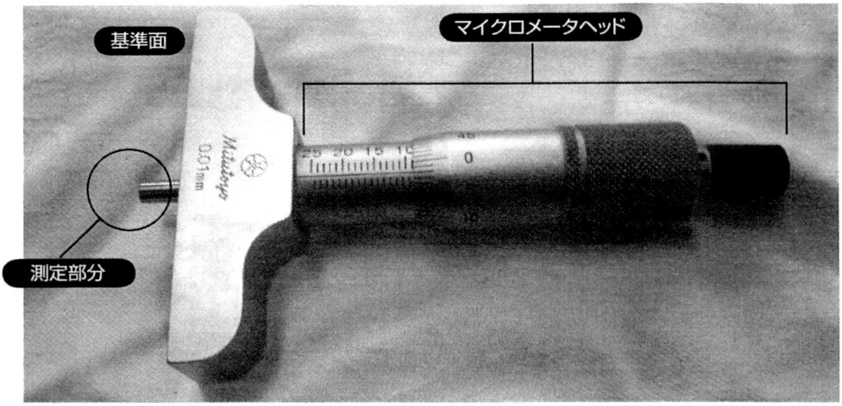

図3-18 デプスマイクロメータ

図3-19 段差を測る

ここがポイント!

自由度2:平面、旋回、
拘束条件1:直角

3-4 マイクロメータの校正

マイクロメータの校正は、専用のゲージやブロックゲージを測定して、誤差を見ます。誤差があればマイクロメータヘッドの取り付け位置を微調整して、ゼロやブロックゲージの寸法が正しく表示できるようにします（図3-20）。

マイクロメータヘッドの位置調整は引っ掛けスパナを使います（図3-21）。

マイクロメータヘッドの基部にある穴に引っ掛けスパナをかけて、正しいほうに回します。

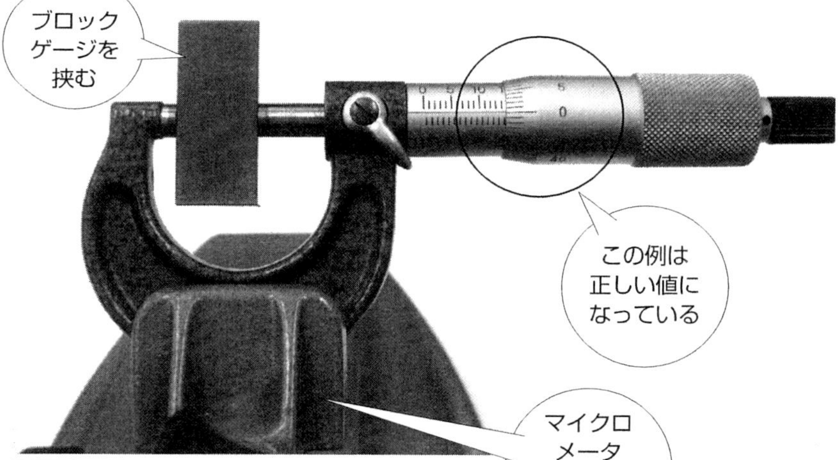
ブロックゲージを挟む
この例は正しい値になっている
マイクロメータスタンドを使う

図3-20 マイクロメータの校正

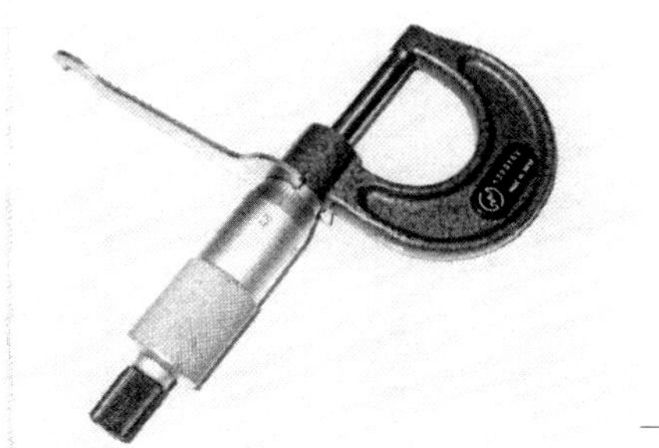

図3-21 マイクロメータヘッドを回してゼロ合わせ

ひとくちコラム

マイクロメータの発明者は？

蒸気機関の発明で有名なジェームス・ワットが1772年に発明したとされています。測定器メーカーのミツトヨ博物館のホームページにはワットが考案したマイクロメータの複製が表示されています。

1805 年、ヘンリー・モーズレイが自身のねじ切り旋盤を使って精密なねじを製作できるようになると、雌ねじの外周を100等分した刻みを入れて、ねじ1回転で進む長さを100等分まで読むことのできるマイクロメータを製作しました。一説にはモーズレイの弟子だったウィットワースが作ったのではないかとの説もありますが、モーズレイ自身が作ったようです。

このように、マイクロメータは近代工作技術の黎明期からさまざまに考案されていました。

本編を書いているときに若いころのことを懐かしく思い出しました。

マイクロメータヘッドは読み取りと駆動が同時に行えるので、手動のアクチュエータとしてとても便利なものです。

私がかけだしのころ、大学の実験室でよく使うメカニカルステージはとても高価なものだったので、製作依頼が多数ありました。

フライス盤によるアリ溝加工で上下のプレートを噛み合わせるのですが、60度のアリ溝の幅を測定することができず、とても苦労しました。やっと組み合わせたものにマイクロメータヘッドを取り付けて、スムーズに動いたときの嬉しさは格別なものでした。

大きなものから小さなものまで、100台以上は作ったでしょうか。今ではよい思い出の一こまです。

第4章

ダイヤルゲージ

4-1 わずかな差をみる測定工具

機械を作っていくとき、長さを測るだけではうまくできないことがあります。動きのある機械ならちゃんと直線に動いているか、傾いていないか、回転軸が振れていないかなどを見る必要があるのです。

こうしたわずかな差を見る測定工具がダイヤルゲージです(**図4-1**)。

ダイヤルゲージは僅かな変化を拡大する機構が組み込まれていて、ミクロンオーダーで見ることができます。

図4-2の写真は精密バイスで固定した工作物の浮き上がりを見ているのですが、ダイヤルゲージを使えば取り付けの不良がすぐにわかります。

図4-3の写真は天体望遠鏡のレンズホルダーを加工するときに取り付けの偏芯を見ているところです。

ダイヤルゲージはノギスやマイクロメータと同じように身近な測定工具として自在に使いこなすことで、わずかな変化やひずみを見ることができ、工作技術も飛躍的に上達します(**図4-4**)。

比較的安価な測定工具なので、後で説明するマグネットスタンドとあわせて、ぜひとも1個手元に置きたいものです。

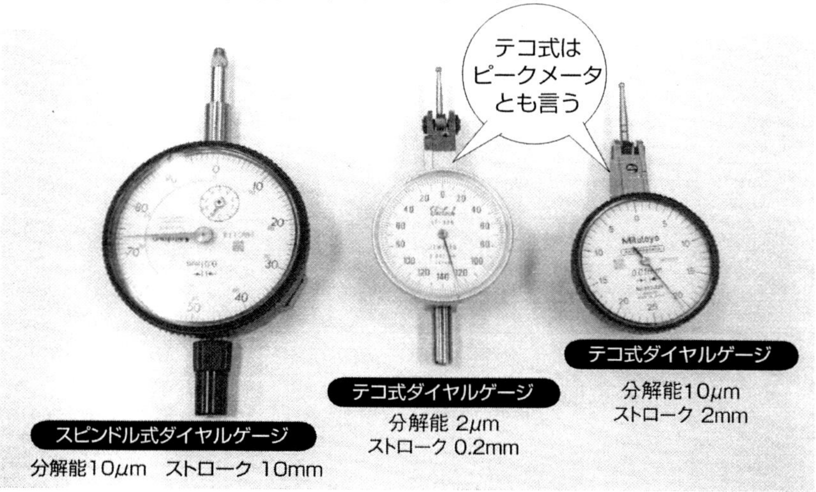

図4-1 各種ダイヤルゲージ

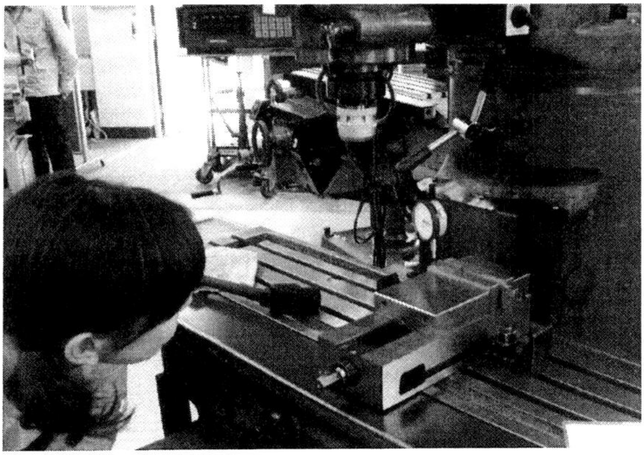

図4-2 平行を見る

図4-3 端面の振れを見る

図4-4 円筒面の振れを見る

4-2 ダイヤルゲージの構造

ダイヤルゲージはとても便利な測定工具ですが、その構造は巧妙で面白いものです。

一緒にダイヤルゲージの中をのぞいて見ましょう。

(1) スピンドル式ダイヤルゲージの構造と特徴 (図4-5)

測定子を押すように使います。

測定子はスピンドルのシャフトを上下、シャフトにはラックギアが切ってあり、ピニオンギアを回転させます。

ピニオンギアと大ギアは同じ軸でつながっていて、大ギアがダイヤルの針についている小さいギアを回します。

こうして、目盛板の針が回転し、細かく移動量を読み取ることができるのです。

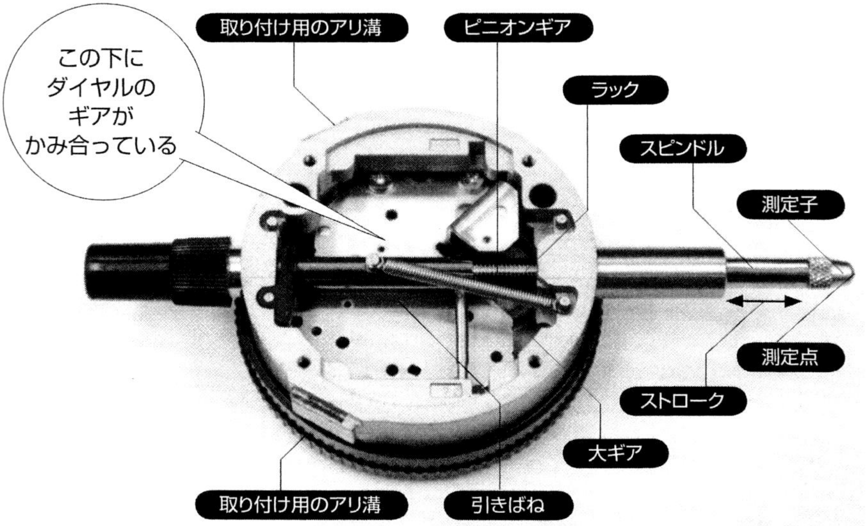

図4-5 スピンドル式ダイヤルゲージの構造

(2) レバー式ダイヤルゲージの構造（図4-6）

レバー式ダイヤルゲージ（ピークメータ）はスピンドル式ダイヤルゲージと違って、てこの原理を拡大機構に用いています。

レバー式ダイヤルゲージはスタイラスレバーとテコが摩擦抵抗だけで連動するところがこの測定工具の最も面白いところです。

このおかげで、スタイラスレバーを自由に動かして都合のよい角度にして測定することができます。

スタイラスレバーの動きはテコを通じて扇型ギアに伝わり、クラウンギアを回します。クラウンギアは表示針のピニオンギアを回転させるので、スタイラスレバーのわずかな動きで表示針を大きく動かすことができます。

この工夫によって、ギアやスタイラスレバーを壊すことなくさまざまな測定に使えることが、この測定器の大きな特徴です。

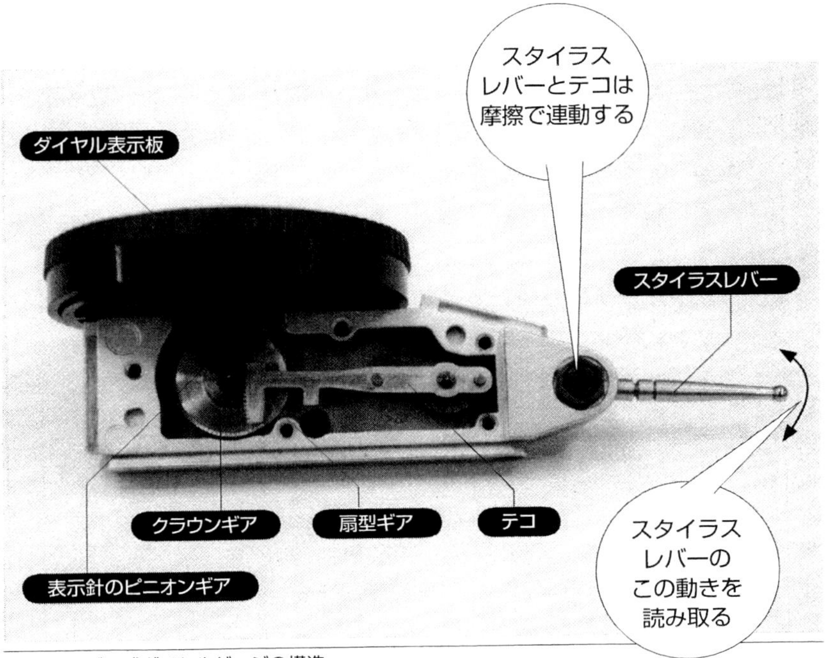

図4-6 レバー式ダイヤルゲージの構造

4-3 マグネットスタンド

ダイヤルゲージを上手に使うための道具がマグネットスタンドです。

マグネットスタンドは永久磁石が組み込まれていて、鉄の構造物に自由に取り付けることができます(図4-7)。

マグネットスタンドはジャーマン式(油圧式)とブーム式があります。

ジャーマン式マグネットスタンドの構造を見ましょう。

スタンドから伸びている2本の腕と3つの関節があり、自在に伸縮・回転できます。2本の腕の中央にある赤いハンドルを締めることで関節を固定することができます。

腕の先端にダイヤルゲージを取り付けます。この先端に微動機構が付いていると、ストロークの短いテコ式ダイヤルゲージを都合の良い位置に合わせるのに便利です。

ジャーマン式はワンタッチで位置を決められるので便利なのですが、ダイヤルゲージよりもずっと高価なのが難点です。

次に、ブーム式のマグネットスタンドの構造を見ましょう(図4-8)。

ブーム式は、ブームが2段と3段があります。分解能の高いダイヤルゲージを使うときは3段の微動機構付きを使います。

ブーム式は腕をつなぐ関節を個々に動かし、ダイヤルゲージの位置を合わせます。

ダイヤルゲージを取り付ける部分は微動機構のないものもあります。

ジャーマン式に比べて、いろいろな腕の長さや構造を選べます。

ダイヤルゲージを固定する方法は、この例はアリ溝式ですが、シャフト式もあります。

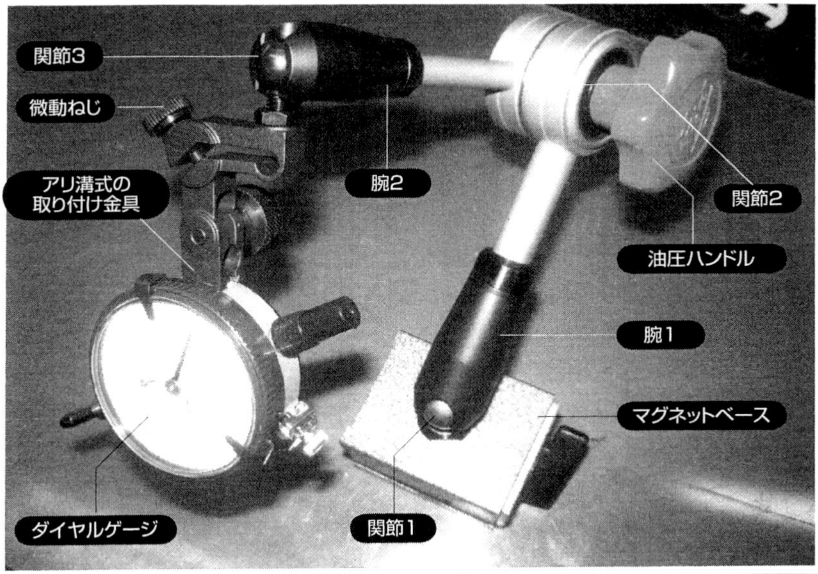

図4-7 ジャーマン式マグネットスタンド

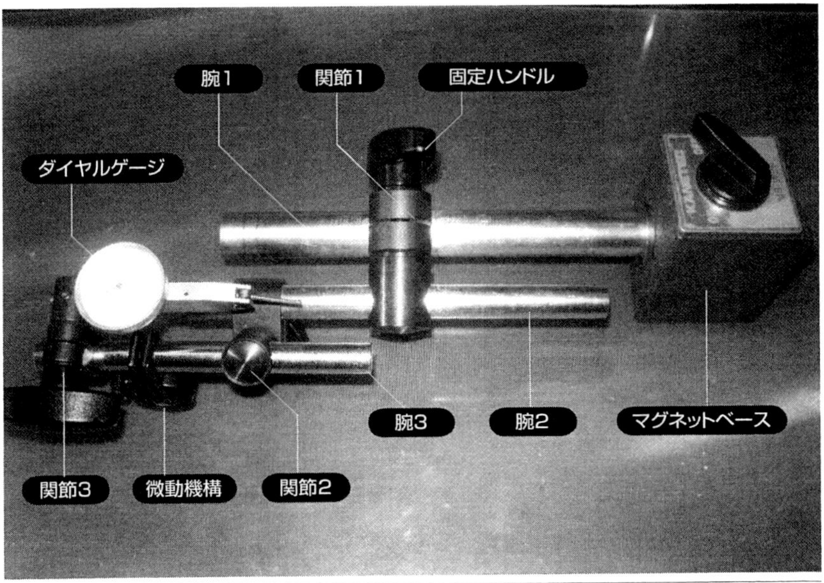

図4-8 ブーム式マグネットスタンド

(1) ダイヤルゲージの掴み方

ダイヤルゲージはスピンドル部分や裏蓋の耳にあるシャフトをつかむ方法と、アリ溝をつかむ方法があります。

それぞれ一長一短があり、ダイヤルの目盛りが読みやすい取り付け方法を選びます。

図4-9の写真は円筒部をつかんでいます。

スピンドル式ダイヤルゲージは裏ぶたを交換することができます。図4-9(c)の写真は耳付き裏ぶたです。耳の穴にシャフトを通してスタンドに固定すると、この部分も関節の働きをします。

ピークメータは可動範囲が狭いので、ゲージの位置を微調整できる微動機構付のものが便利です(**図4-10**)。

テコ式ダイヤルゲージは何箇所かにアリ溝があると便利です。

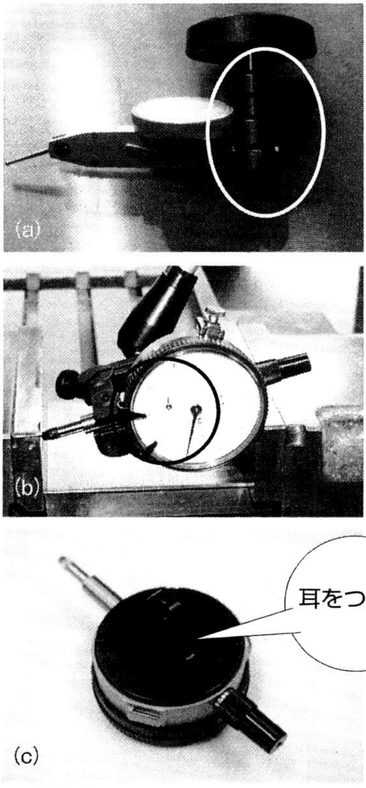

図4-9 円筒部をつかむ

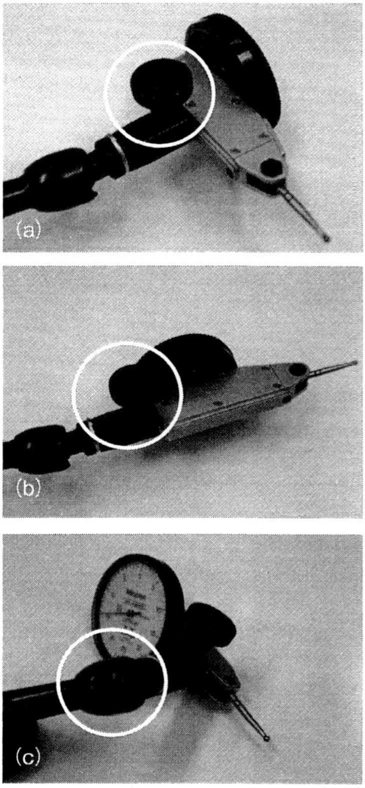

図4-10 アリ溝をつかむ

4-4 ダイヤルゲージを使ってみよう

さて、いよいよダイヤルゲージを使った測定の実際を紹介しましょう。

今までの測定工具とは違い、直接寸法を読み取るような使い方はほとんどなく、工作機械を使った作業の中での芯出しや平行を見たり、その高い分解能を使って、精密組み立てを行うときに使います。

(1) ダイヤルゲージを使った精密な高さの測定（図4-11）

ダイヤルゲージは差分を細かく見る測定工具なので、長さを測定するときは、ブロックゲージなどの精度の良い長さ基準と比較する方法を使います。

図4-11 (a) の写真は、ブロックゲージとアクセサリーセットを組み合わせた高さ基準を作り、高分解能のデジタル式ダイヤルゲージをゼロにします。

次に、本当に測りたい所に移動させ、ダイヤルゲージの先端を当てます。

図4-11 (b) の写真の例は、目標値 (50mm) より59 μｍ 高いことがわかりました。

図4-11 比較測定が得意なダイヤルゲージ

(2) 旋盤作業

旋盤作業では、ダイヤルゲージは必需品です。旋盤の調整や工作物の芯出しに使います。

● 工作物の芯をみる（**図4-12**）

取り付けた工作物の回転中心や面の振れを見ているところです。この測定方法で±1μmの誤差を確認することができます。

● 旋盤の性能確認（**図4-13**）

旋盤の性能を確認するにもダイヤルゲージを使います。

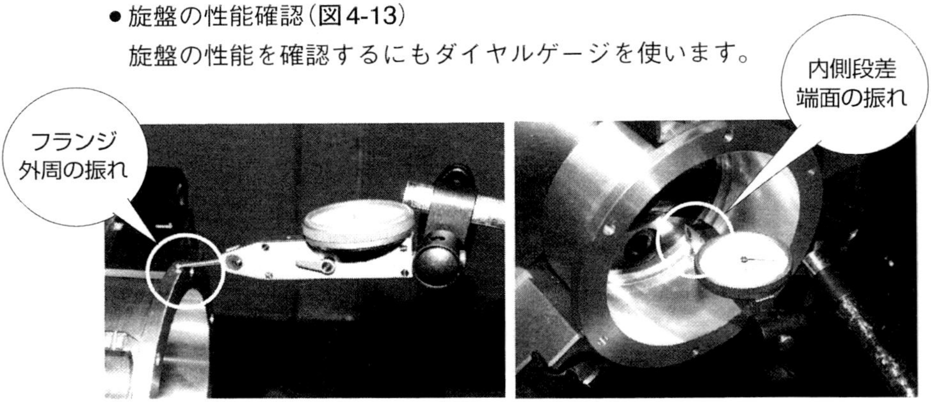

(a)　(b)

図4-12 工作物の振れを見る

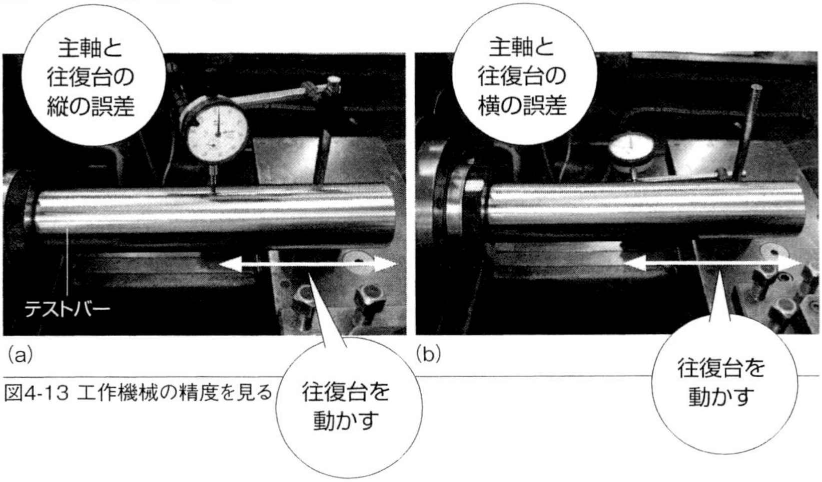

(a)　(b)

図4-13 工作機械の精度を見る

(3) フライス盤

● 工作物とテーブルの平行・直角の確認(**図4-14**)

フライス盤のテーブルの上に四角い板を乗せて加工する場合、直角や平行を見なければなりません。工作物を仮固定してのち、ダイヤルゲージで平行や直角を見ます。大きく動かして、ゲージの針が動かなければOKです。

● ミーリングバイスの取り付け精度確認(**図4-15**)

ミーリングバイスはフライス盤のX軸(左右移動)平行に取り付けられるようになっています。ところが、長年使っているとこの部分がすり減って、口金の平行精度が悪くなります。こうしたことから、精度の要求される加工では、バイスの口金の平行をダイヤルゲージで確認する必要があるのです。

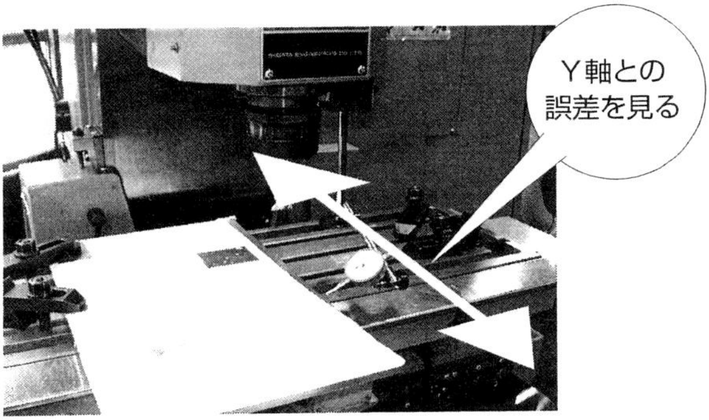
Y軸との
誤差を見る

図4-14 工作物の取り付け精度を見る

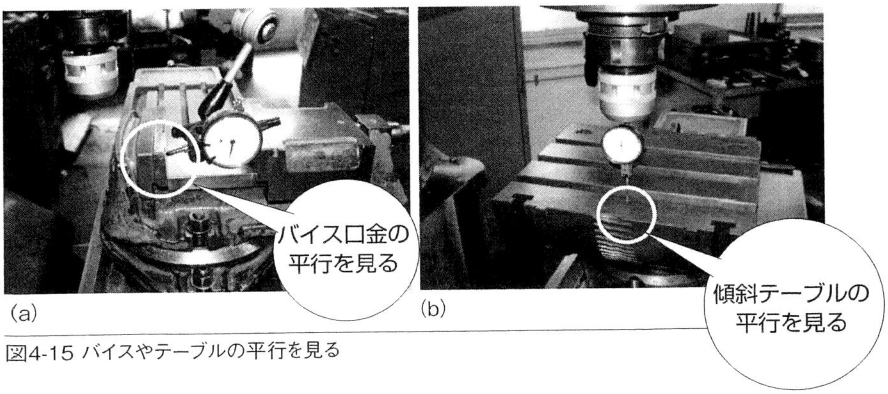
バイス口金の
平行を見る
(a)
(b)
傾斜テーブルの
平行を見る

図4-15 バイスやテーブルの平行を見る

● 穴の芯と主軸を合わせる(**図4-16**)

一度フライス加工した部品に追加加工をしなければならないとき、一度あけてしまった穴の中心を拾わなければならないことがよくあります。そんなとき、主軸にレバー式ダイヤルゲージを取り付けてゆっくり回し、偏芯がなくなるようXY テーブルを微調整します。ダイヤルゲージの針が振れなければ主軸と穴の芯が一致したということになります。

● ミーリングバイスで掴んだ工作物の上面の平行をみる(**図4-17**)

ミーリングバイスで工作物を掴むと、可動側の口金が浮いて底面との平行を損なうことがあります。このようなとき、ダイヤルゲージで浮き上がり量を監視したり、上面をあたって浮き上がりの有無を調べることがよくあります。

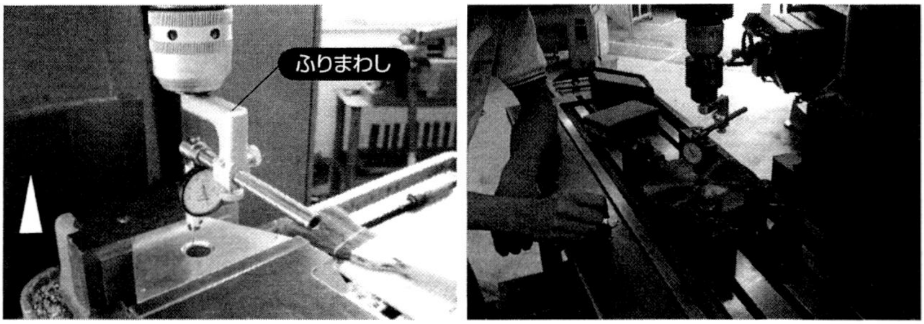

図4-16 穴の中心と主軸を合わせる

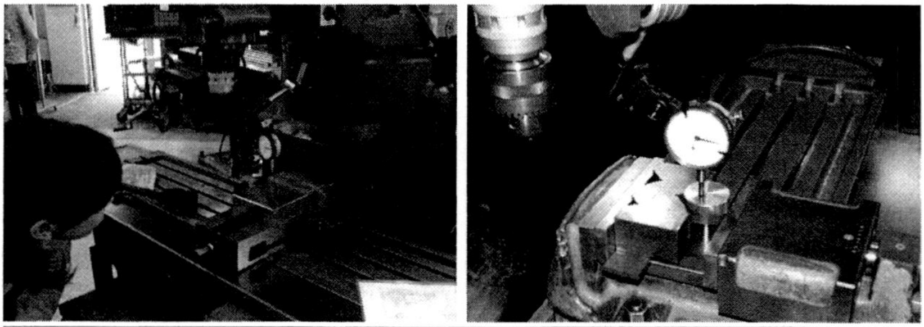

図4-17 バイスによる浮き上がりを見る

● フライス盤の精度測定

ストレートエッジや直角マスターを使ってフライス盤の機械精度を確認することができます。

図4-18の写真は直角マスターとダイヤルゲージでフライス盤XYテーブルの直交精度を確認しているところです。

ストレートエッジを使えば直線移動精度を見ることができます(**図4-19**)。

図4-18 直角マスターを使ってフライス盤の精度を見る

図4-19 ストレートエッジを使ってテーブルの直線精度を見る

(4) 精密組立で威力を発揮するダイヤルゲージ

これまでの測定方法を応用して、精密組み立てのさまざまな調整にダイヤルゲージは大活躍します。

● シャフトの偏芯を見る（**図4-20**）

モータの回転を伝えるシャフトの軸受け部分は偏芯を見ます。

● 平行を見る（**図4-21**）

直線案内機構の組み立てはストレートエッジを基準にしてダイヤルゲージで偏差を見ながら行います。ミクロンの誤差が見えるダイヤルゲージのおかげで、理想的な精度で精密機械を組み立てることができました。

図4-20 ベアリングの組み付け精度を見る

(a)　(b)

図4-21 直線案内機構の精度を見る

第5章

定盤

5-1 定盤《じょうばん》とは

(1) 定盤が機械の原点

産業革命以後、定盤の「完全平面」はあらゆる機械の基準となり、現在のナノスケールの加工技術を支える最も大切な技術となっています。

このように重要な定盤ですが、私たちは上手に使いこなしているでしょうか？ 精密測定専門のところよりも、むしろノギスやマイクロメータが主役の加工現場で、もっと定盤を使ってほしいというのがこの章の私の主張です（図5-1）。

図5-1 1×1.5m の精密定盤

(2) 定盤の種類

定盤にはさまざまな種類があります。

● 精密定盤

まず最初に、測定用の精密定盤を紹介します。精密定盤は鋳鉄製と石(御影石)製があり、それぞれ一長一短があります。

鋳鉄製の定盤(以後鉄定盤という)は年数がたつに従って精度が安定します。マグネットスタンドなど磁石を使った小道具が使えることも大きなメリットです。しかし、さびたり使っているうちに磨り減ってきて、ハイトゲージなどがリンギング現象によって動きづらくなることが欠点です(**図5-2**)。

石定盤は何万年という時間を地中でエージングされているので狂いもすくなく鉄定盤のようなリンギングもありません。

しかし、重たいものや尖った物を落とすと定盤の表面が割れたり欠けたりします(**図5-3**)。

マグネットスタンドが使えないことは大きなデメリットです。

この面は自由にマグネットが使える

図5-2 鉄定盤

よく滑る
油を使ってはいけない！

図5-3 石定盤

ここがポイント！

油‥‥鉄定盤は◎だが 石定盤は×

● 箱型定盤

箱型定盤は鋳鉄製の精密定盤を簡素化したもので、基準平面や装置のベースとして用いられます。私は箱型定盤をさまざまな装置のベースとしてよく利用します。

図5-4(a)(b)の写真は大学の研究を進めるために作った機械ですが、鋳物が振動を吸収する作用の大きい箱型定盤を使って、高精度かつ安定した動作を実現しています。

● すりあわせ定盤（ブラウンシャープ定盤）

平面を作るときに使う定盤です。手で持って定盤の上を滑らせるための取っ手が付いています(**図5-5**)。

図5-4 ワイヤーローディングマシン(a)と高速コンパレータ(b)

図5-5 すり合わせ定盤

5-2 鉄定盤の特徴

鉄定盤を上手に使うために知っておいてほしい最小限の知識を紹介します。

(1) 鉄定盤を使う前に…上面をきれいにする

鉄定盤を使う前に上面をよく掃除してください。あたりまえのことですが、意外におろそかにしがちです。ゴミが乗っていたのでは正しい測定はできません。

掃除のついでにスプレー式のものでもよいので、軽く潤滑油を塗りましょう。こうすることで、後の作業がスムーズに運ぶと同時に、測定そのものの信頼性も高くなります(ただし、石定盤は油禁止！)。

(2) 鉄定盤表面の不思議…きさげ

鉄定盤の表面にはうろこのような模様がついています。これは「きさげ」といって、鉄の表面をわざと小さい窪みをつけて、表面の滑りをよくするものです。

図5-6(a)の写真はきさげ作業の様子、同(b)は仕上がった定盤の表面です。このようにきれいに仕上げるには熟練が必要です。

(a) きさげ作業

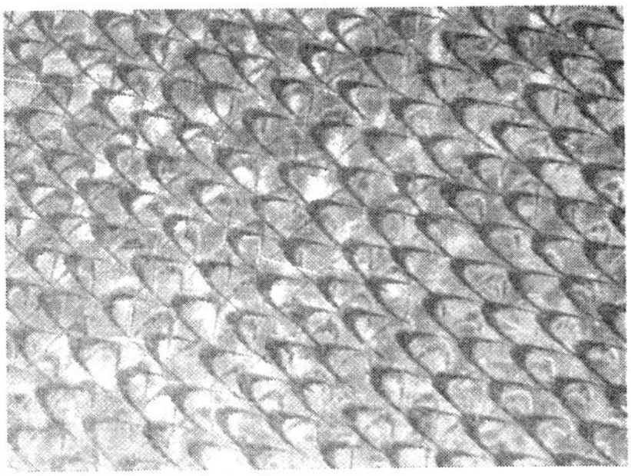

(b) きさげ模様の美しい定盤

図5-6 きさげ模様のある鉄定盤

5-3 定盤の上で使う工具

定盤はそれだけでも大いに役に立ちますが、ここで紹介する工具と組み合わせることでさまざまな測定ができます。

(1) 直角の基準

直角の基準は、定盤を使った測定の中で最もよく使うものです。ここで紹介するものの中から一つでもよいので用意しましょう。

図5-7の写真はイケール(直角基準面)です。

定盤の上だけでなくフライス盤などを使った機械加工における直角の基準にもなります。

図5-8の写真はVブロックです。

Vブロックは2個一組になっているところが大切です。2個同じ高さと直角の基準として使える上に、V溝の高さも一致しているので、シャフトの両端にVブロックを置けば定盤の基準面に平行におくことができます。

ここがポイント!

Vブロックは必ず2個一組です。

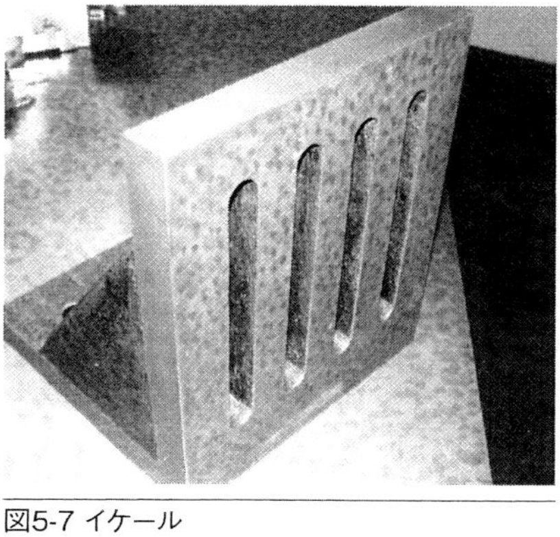

図5-7 イケール

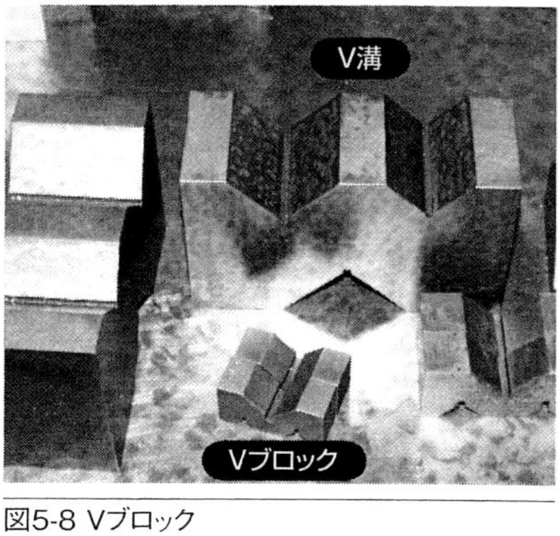

図5-8 Vブロック

(2) ハイトゲージ

ハイトゲージはノギスの原理を使って定盤の上で一定の高さの線を引いたり、高さを測るものです。

ハイトゲージには色々な種類があります。ダイヤル式、デジタル式など、これもノギスと同じです(**図5-9**)。

ハイトゲージの使い方はこの章の⑤-⑦項で詳しく解説します。

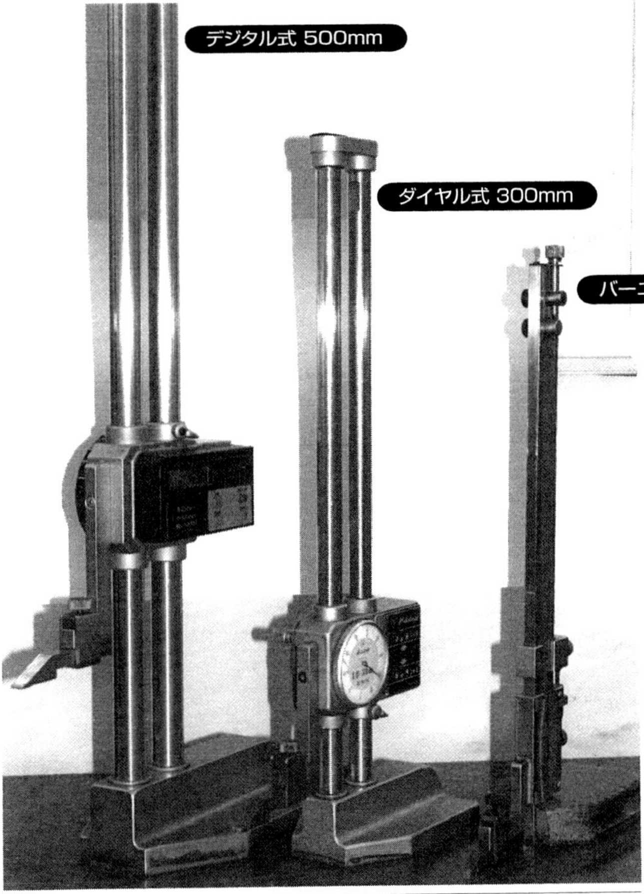

図5-9 各種ハイトゲージ

(3) インデックス

インデックスはフライス盤のアタッチメントの一つでもありますが、丸棒や円盤に正確にけがき線を引くことができる重要な装置なので、ここで紹介します(図5-10)。

インデックスの軸高さは決まっています。メインハンドルを回して角度を決めることができます。

このインデックスは30° ごとにキーが入るようになっていて、簡単な角度なら効率よく作業を進められるようになっています。

図5-10 インデックス

(4) 水平をみる水準器

水準器は最も原始的な測定工具です（**図5-11**）。水準器は第8章で詳しく解説しますが、精度が高いことから、大型装置の組み立て作業では最も頼りになる測定工具です。

定盤の上に測定したい面を載せて水準器で見れば平面度や真直度などを測ることができます。

(5) 便利なマグネットベース（マグネットスタンド）

マグネットスタンドについてはダイヤルゲージの章（④-③項）で紹介しましたので、ここではマグネットベースについて解説します。

マグネットベースはVブロックやストレートエッジを自由にレイアウトし、それを動かないように固定できます。

前面のハンドルの操作で磁石による脱着を自由に行えるので、鉄定盤の上ではとても便利な小道具です（**図5-12**）。

図5-11 水準器

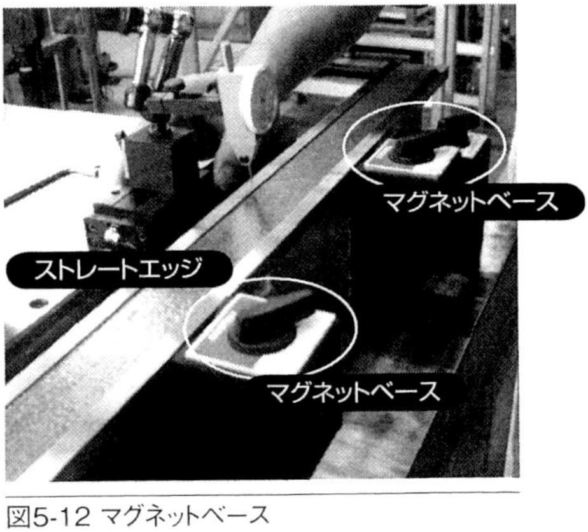

図5-12 マグネットベース

5-4 定盤を使ってみよう

前置きが長くなってしまいましたが、いよいよ定盤を使った測定の実例を紹介しましょう。

(1) 平面の確認と検査（図5-13、14）

定盤の上に精度のよい平面を置くと、定盤に置くときに空気が逃げ道を失って一瞬部品が浮くので、ポッというやわらかい音が聞こえます。石定盤は空気が逃げる間、定盤の上に浮いている状態になります。

反対に、その面が曲がっていると、カチッとかカンという硬い音になります。この、置いたときの音や手の感触を覚えてください。これだけで良し悪しが判断できることが多いのです。

調べたい面を定盤の上に置いたとき、平面がきちんとできていれば、がたつくようなことはありません。

もしがたつきがあるようなら、シクネスゲージを入れてどれだけすきまがあるかを確認しましょう。

このような方法で、簡単に工作物の反りやゆがみを見ることができます。

図5-13 平面を見る

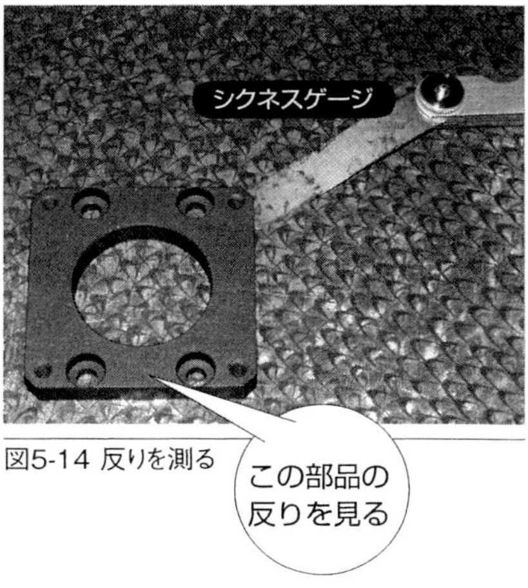

図5-14 反りを測る

(2) 部品の直角を見る（図5-15）

部品の直角を見るときは、マス、イケール、スコヤなどの直角の基準を使います。もし隙間があればシクネゲージを挟んで測定します。

このとき、隙間があるかどうかをみる方法として、向こう側に強力な光源をおき、光が漏れてこないかを見るのです。ポケットタイプの懐中電灯があると便利です。

余談ですが、マスやイケールなど直角の基準もスコヤを向かい合わせ、光が漏れるかどうかで確認します。マスやVブロックは向かい合う面が平行という約束なので、上下反転させてスコヤやマスと合わせればどちらが狂っているかも判断できます。

たいへん原始的な方法ですがひと目でわかります。

図5-15 直角を見る

ここがポイント！

光を透かして見る
正しければ光は漏れません!

(3) Vブロックを使って長い丸棒のゆがみを見る

丸棒やパイプのゆがみは有無を判断できてもその量を測るのは難しいものです。

しかし、定盤の上では、比較的簡単に測ることができます。

丸棒の両端をVブロックの溝で支え、棒をかるく押さえて安定させます(図5-16)。

この状態でシャフトの中央をダイヤルゲージやハイトゲーを当てて高さを見ます(図5-17)。

この状態で丸棒を回せば、丸棒のひずみを測定することができます。

購入したシャフトの一番まっすぐなところを使いたい場合、Vブロックの溝に収まる直径なら、この方法で曲がりの少ないところを見つけられるでしょう。

Vブロックが2個一組なのは、このような使い方をするからです。

図5-16 一対のVブロックに丸棒を乗せる

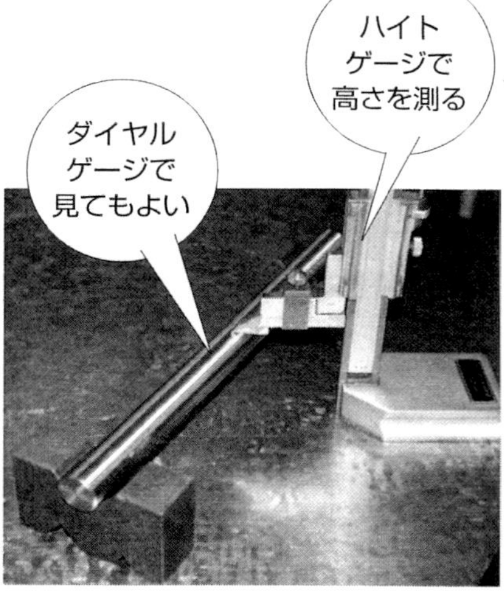

図5-17 丸棒のゆがみをみる

(4) ハイトゲージを使って高さを測定する

定盤の上に乗せたものは、ハイトゲージを使って基準面(定盤の表面)からの高さを測ることができます。

ハイトゲージのゼロ合わせができたら、そのまま測定したいところにスクライバーを合わせれば高さを読み取ることができます(**図5-18**)。

(5) ハイトゲージで平行線を引く

イケールを背に板をたてかけたり、円盤をインデックスにくわえて、ハイトゲージで穴の中心位置をけがきます。これも広い意味の測定です(**図5-19**)。

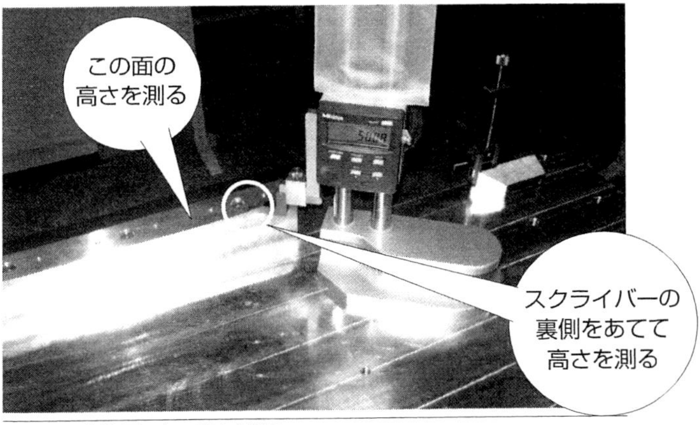

図5-18 基準面からの高さを測る

図5-19 穴加工の中心位置をけがく

5-5 定盤の水平出し

定盤は水平を出しておき、それを基準面として測定や機械の精密組立を行います。

工作機械を設置するときも機械の水平を出しますね。機械は水平を基準として組み立てられています。

この項で解説する手順は、機械の水平出しの基本的な手法なので、覚えておくとよいでしょう。

(1) 定盤の支持方法

定盤はレベリングブロックやレベル調整機構付きの専用台に乗っていれば、それらを使って水平を出しておきます。

石定盤は3点支持でよいのですが、鉄定盤は比重が大きい割には剛性が低いので、3点支持だけでは撓《たわ》みます。これを補うために補助的に支持点を増やします。この位置は裏のリブの構造を見て決めます。

図5-20の写真は水準器の値を見ながらレベリングブロックの調整ねじを回しているところです。

図5-20 レベリングブロック

ここがポイント!

工作機械や定盤は3点支持が基本! 水平出しも3点で決める!

(2) レベリングブロックの構造

レベリングブロックは、くさびをうまく使って重いものの高さを調整できる便利な機構部品です。

図5-21の写真は南米チリのアタカマ高原に設置したNANTEN-2電波天文望遠鏡（約20トン）を支える土台に入れたものですが、円周上に配置されているので構造がよくわかりますね（こんなにたくさんあっても基本は3点支持です！）。**図5-22**は動作原理です。

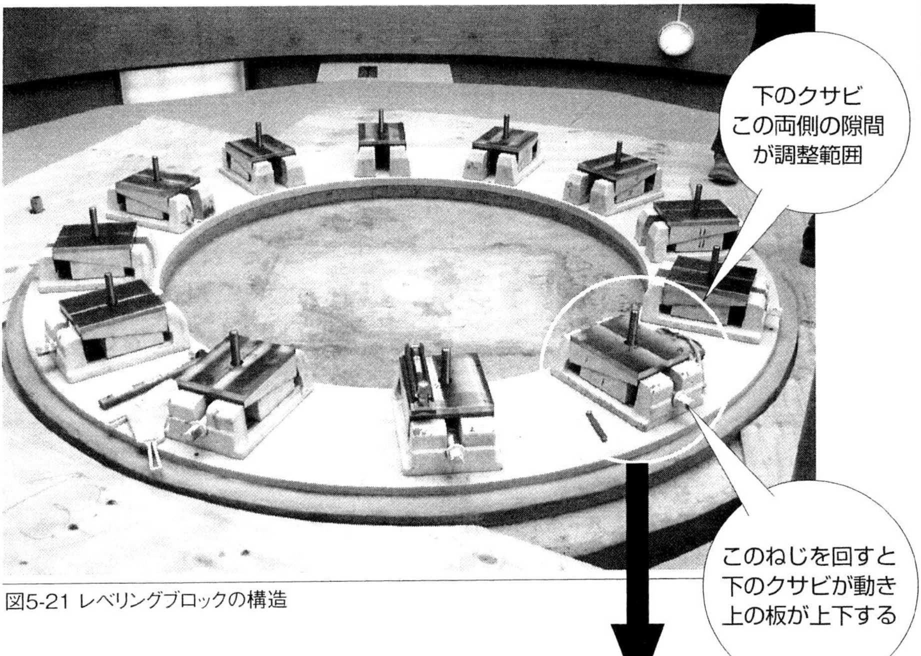

下のクサビ
この両側の隙間
が調整範囲
このねじを回すと
下のクサビが動き
上の板が上下する

図5-21 レベリングブロックの構造

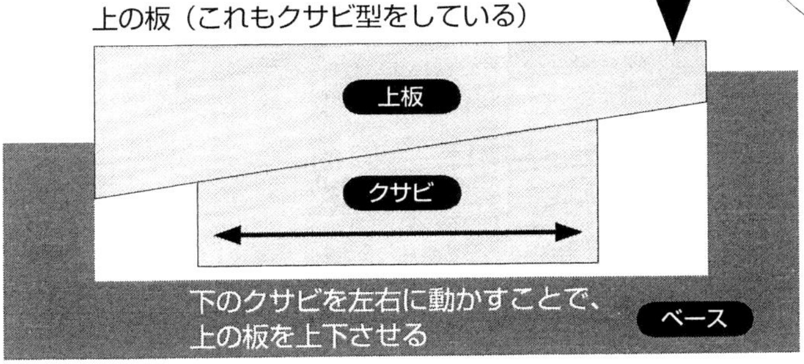

上の板（これもクサビ型をしている）
上板
クサビ
下のクサビを左右に動かすことで、
上の板を上下させる
ベース

図5-22 レベリングブロックの動作原理

(3) 水平出しの手順

前置きはこれぐらいにして、さっそく水平出しを始めましょう！！

レベリングブロックではなくねじ式レベル調整機構の場合は、そのまま②以降を「ねじジャッキ」と読み替えてください。

① レベリングブロックの位置をきめる(ねじ式は3点固定)
　レベリングブロックを**図5-23**のような位置におきます。

② 3点支持以外のレベリングブロックは一番下にする(4～6)
　これは3点支持を優先するための前準備です。
　小型定盤や石定盤は3点しかないので省略します。

③ 3点支持のレベリングブロックを中央やや下に合わせる(1～3)
　レベリングブロックの調整範囲に合わせ都合の良い位置にします。

④ 水準器を長手方向に置き、長手方向の下がっている方を上げる
　始めに長手方向(左右方向)の水平を出しておきます。
　水準器が2本あれば図5-23のように直交するように置きます。
　水準器の指示が落ち着くまで時間をかけることがこつです。

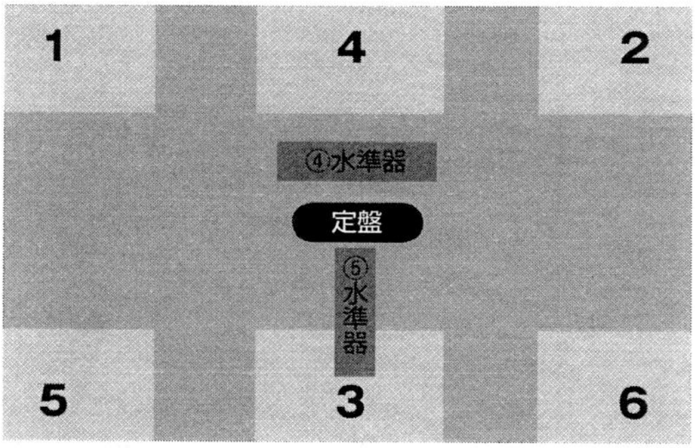

1～3 が主要な3点支持
4～6 は補助支点

図5-23 水平出しの手順。最初を大胆に！ 慣れてしまえば簡単です。

⑤ 水準器を前後方向に置き、3点目をいったん下げる

今度は前後を合わせるのですが、一度レベリングブロックを下げておくのがみそです。

⑥ 前後方法を水平にする

図5-24の写真のように水準器が2個あると便利です。

⑦ 再び長手方向に水準器を置き、下がっている方を上げる

今度はほとんど狂ってないはずです。

必ず低いほうを上げるようにします。

⑧ 水準器を前後方向に置き、再び3点目を調整する

⑦と同様です。もし手前が高いようならいったん大きく下げて、上げなおします。

⑨ ⑦と⑧ を繰り返し、どちらも水平にする

普通は前の⑧で両方とも水平が出ているはずです。

3点支持だけならこれで作業完了です。

⑩ 補助点のレベリングブロックを軽く上げていく

補助点のレベリングブロックを定盤との隙間がなくなるまで上げていきます。

⑪ 補助点のレベリングブロックにわずかに荷重を分担させる

このとき水準器の目盛りが動かないことが大切です。

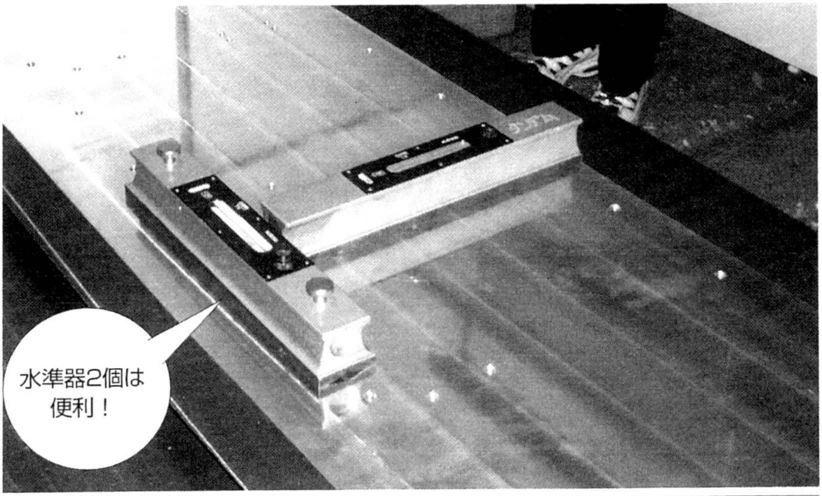

図5-24 水準器が2個あると便利

5-6 ハイトゲージ

(1) スクライバーに注意！

ハイトゲージは簡単に使えて便利なのですが、スクライバーの先端を製品や他の機器にぶつけて、傷をつけてしまったり、スクライバーの先端を損傷することがあるので注意してください。

図5-25のようにスクライバーが上がっていると、手に引っ掛けたりしてけがをすることがあります。使わないときはスクライバーを下げておきましょう。

(2) 視差に注意！

バーニア式のハイトゲージの寸法を読むときはバーニアスケールと同じ高さに目をもってくることが必要です。ノギスのときと同じですね（図5-26）。

ここがポイント！

①スクライバーの先端に注意
②視差に注意！

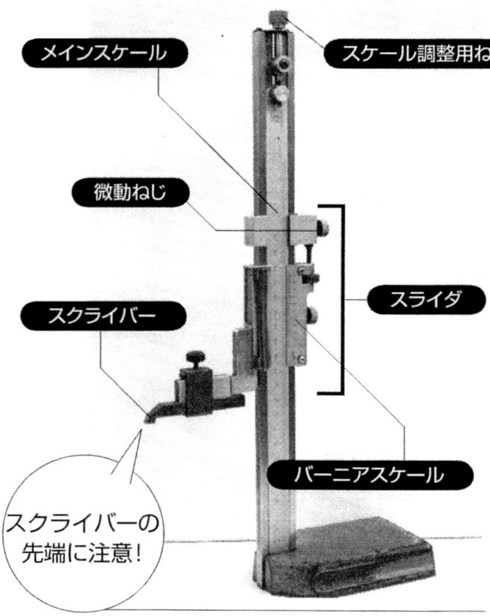

図5-25 ハイトゲージ主要部の名称

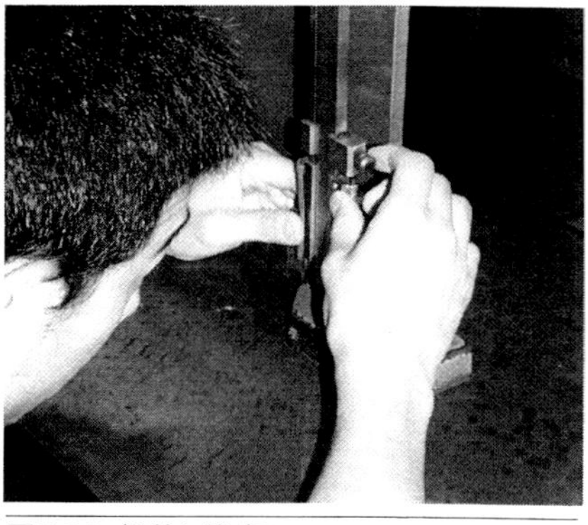

図5-26 視差に注意！

(3) ハイトゲージのゼロ合わせ

ハイトゲージのゼロは最初に確認するくせをつけてください。

ハイトゲージのゼロ合わせとは、スクライバーの下の面と定盤の表面が一致しているとき目盛りもゼロになっているようにすることです（図5-27）。

このときゼロになっていなければ、メインスケールの固定ねじを緩め、最上部の微動ねじを動かしてゼロにします（図5-28）。

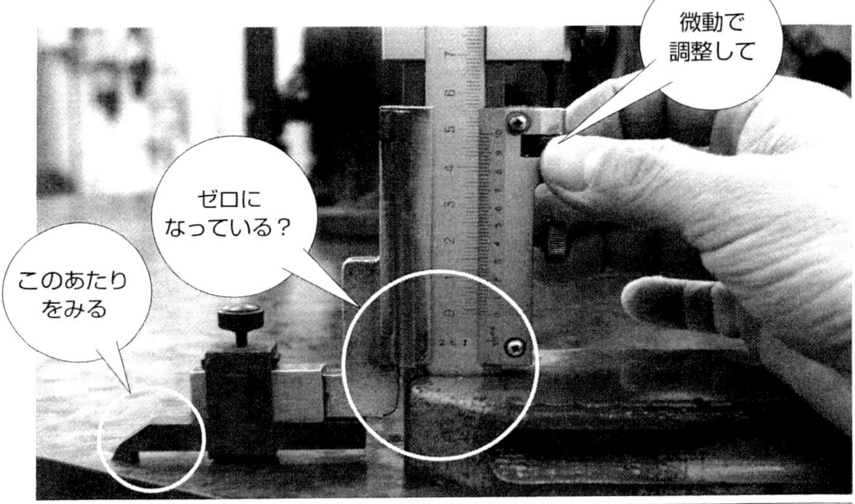

図5-27 スクライバーを定盤の面につける

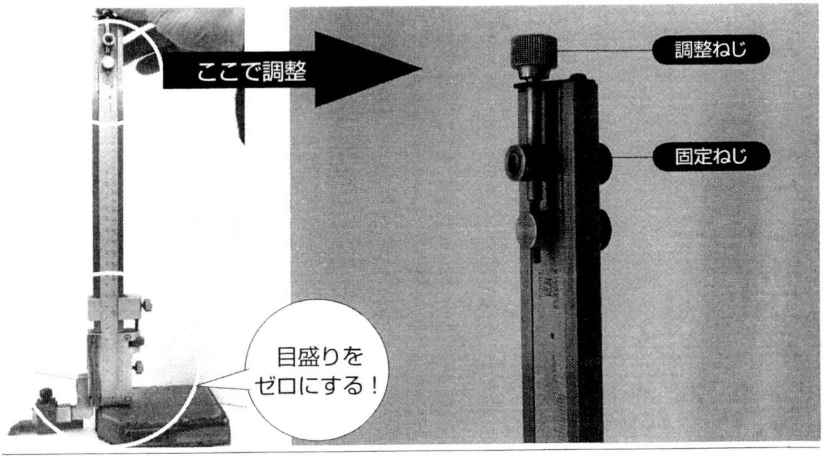

図5-28 メインスケールの微調整

5-7 この章のまとめ

みなさん、いかがでしたか？

第5章、定盤はボリュームがあり、出てくる工具も多かったので大変だったと思います。しかし、ものづくりの現場でもっと定盤を活用してほしいというのが私の主張なので、少し欲張ってみました。

ここに紹介したことは私が普段教えていることの中でも、基礎的なことがらを選んだもので、定盤を使う技術は古いだけに、実際にはもっと多くの工具があり、使われ方もさまざまです。そして、そこには先人たちの知恵と努力が詰まっているのです！

定盤の平面を手作業で作ったというだけでも驚きなのですが、イケールやマス、Vブロックなど全て手作業によるものとなると、気が遠くなりますね。

デジタル時代に、超アナログの定盤を中心とした技術、しかし、これなくしてはマイクロコンピュータや大型液晶パネル、GPSや衛星放送を支える人工衛星、自動車は作れません。

それだけではありません。サイエンスの最先端である大学の研究現場で、誰も作ったことのない実験装置を作る…これこそ、古い技術をしっかり身につけてはじめて可能となることなのです。

第6章

スケールとパス

スケールとパスはノギスやマイクロメータが高価で一般化する前の時代の測定工具ですが、今でもけっこう役にたちます（**図6-1**）。

ノギスでは測れないところも、パスで一発解決！という場面もあり、スケールとパスの使いこなしを知っておくことは決して損にはなりません。この章ではこうした意味で、スケールとパスの基本的な使い方を紹介します。

パスやスケールは考えようによっては応用範囲の広い道具です。既成概念にとらわれず、皆さんは自由にこれを応用してノギスやマイクロメータが及ばない便利な使い方を編み出してください。

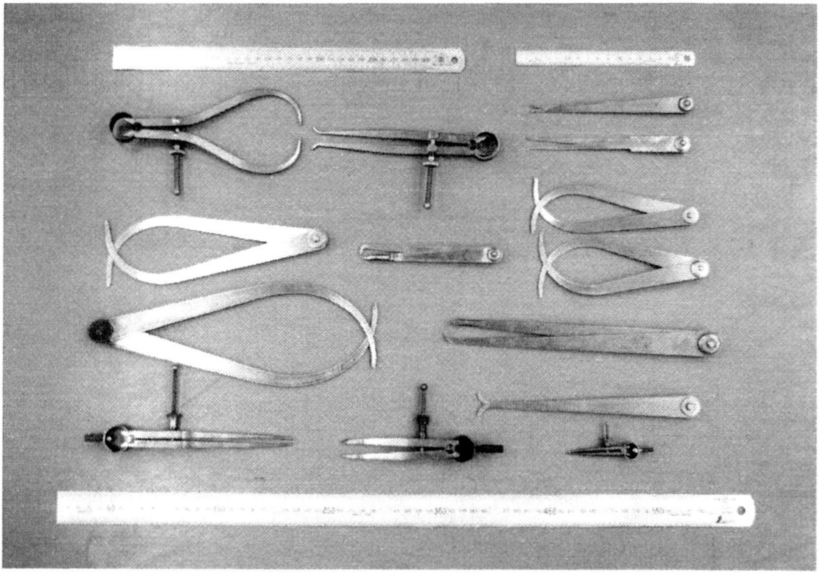

図6-1 スケールとパス

6-1 スケール類

(1) スケール（直尺）

ここで取り上げるスケールは鋼製の150、300、600、1000、1500（mm）という長さのものです（**図6-2**）。

スケールはゼロにあたる端が大切です。こちら側が磨り減ったりするとその分だけ誤差になってしまうので、スケールの端を大切にしましょう。

スケールは寸法が測れるだけでなく、けがき作業で直線を引く定規にもなります。

図6-3の写真のように定盤の上に立てて、光が漏れなければスケールの真直度もOKです。スケールの裏側にはインチとの換算表が付いているので、インチ寸法が今でも規格に生きている配管関係の寸法を取るときは便利です（**図6-4**）。

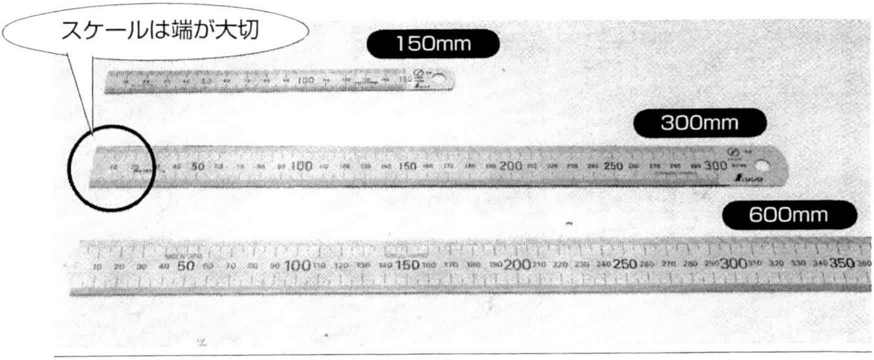

図6-2 各種スケール

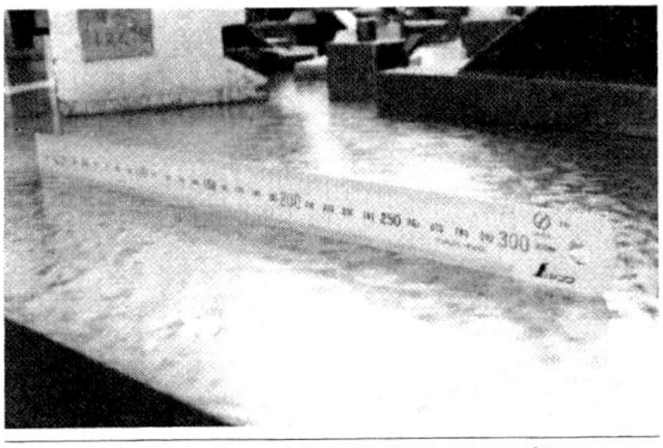

図6-3 定盤に立てて光が漏れなければOK

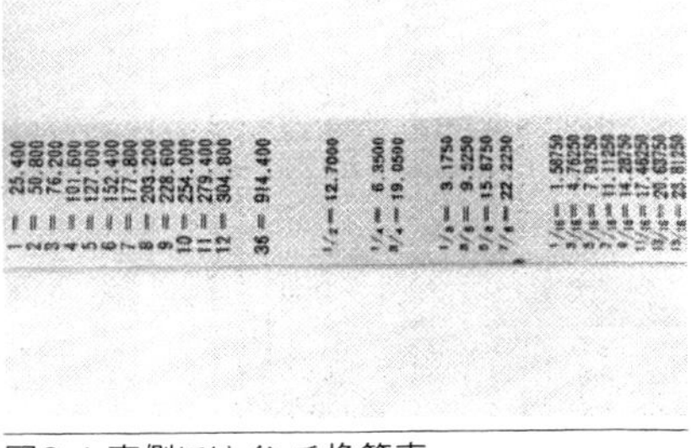

図6-4 裏側にはインチ換算表

(2) スケールの使い方

すでにみなさんは自由自在に使いこなしていると思いますが、日常的な使い方とは違った測定工具としての視点で、基本的な使いこなしを紹介します。

測定工具としての読み取り精度は、ルーペや拡大鏡の助けを借りても0.2mm 程度です。スケールは直線を引く、寸法を取る、印をつけるなど、あらゆる場面で欠かせない工具です(**図6-5**)。

スケール立てがあると便利です。スケールを正確に垂直に立てることができるので、トースカンや内パスで寸法をとるのに重宝します(**図6-6**)。

スケール立てに立っていれば**図6-7**のように内パスの寸法をすぐに見ることができます。

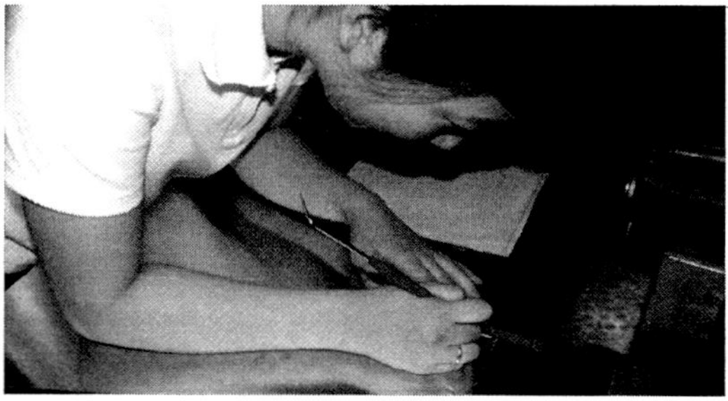

図6-5 スケールを使い直線を引く

ここがポイント!

ノギスより長いものを測るときは、スケールが頼りです。

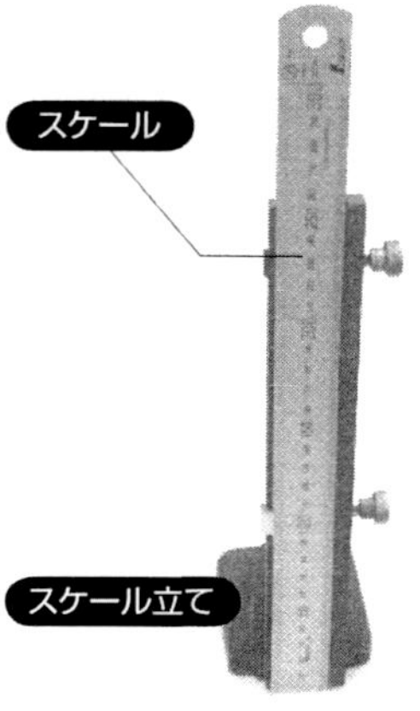

図6-6 スケール立て

図6-7 内パスの寸法はこうして読む

スケールを使って長さを測定する場合、測定物の端とスケールの端を揃える必要があります。

図6-8の例のように、端にVブロックなど基準面になるものを置いて測定物とスケールをその面に合わせます。

こうなれば、あとは反対側を見て、測定物の端をスケールで読めばよいわけです(**図6-9(b)**)。

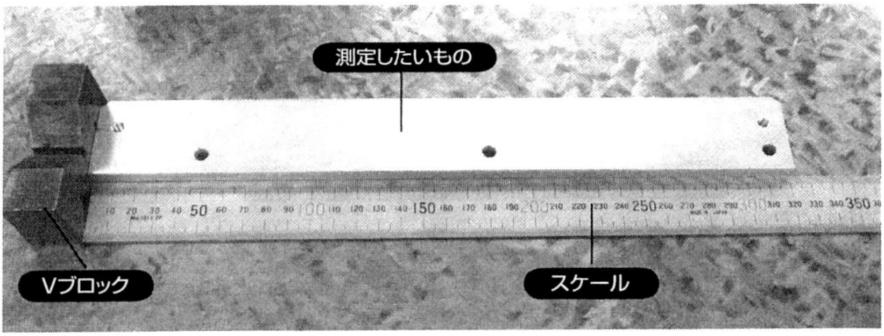

図6-8 スケールを使って測る

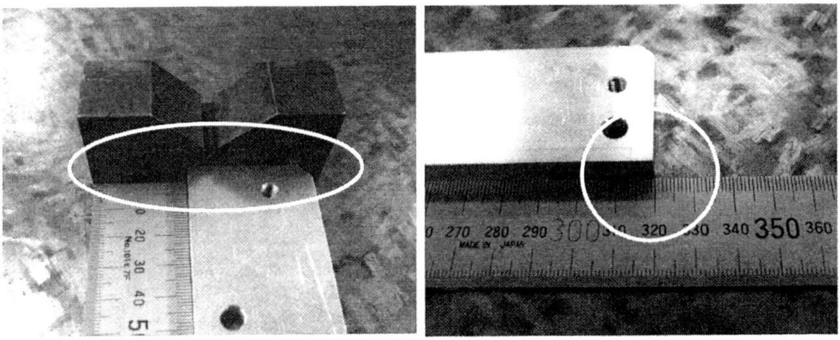

(a) 隙間のないように合わせる　(b) エッジの位置をスケールで読み取る

図6-9 基準側の合わせ方

(3) 巻尺（メジャー）

いまさら巻尺なんてという方は読み飛ばしてください。

ノギスは1m程度、スケールは2m、それ以上の長さは巻尺（メジャー）に頼るしかありません（**図6-10**）。

スケールと同じように、巻尺も先端が大切です（図6-10右）。ここを曲げてしまうと、正しい測定ができません（**図6-11**）。

スケール部分を長く引き出した状態でストッパーを解除すると勢いよくスケールが巻き取られて、手を切ったり、どこかにスケール先端が当たるなどの事故を起こすことがあるので注意してください。

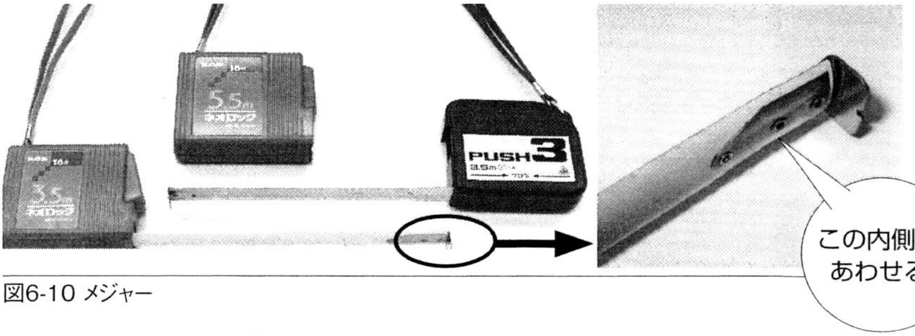

図6-10 メジャー

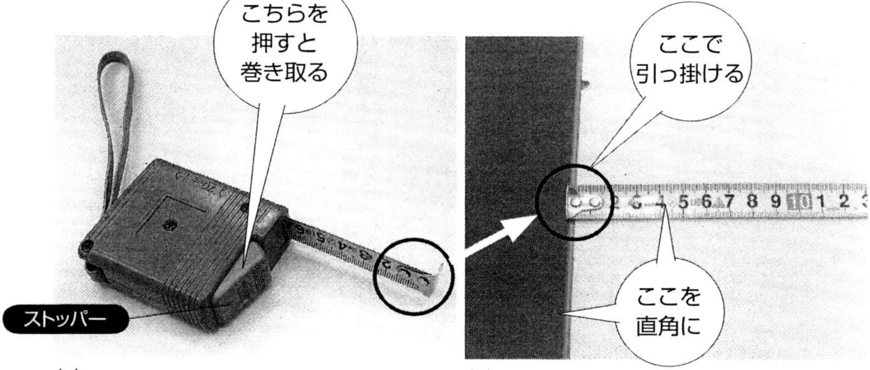

(a)　(b)

図6-11 メジャーの使い方

ここがポイント！

メジャーの先端を大切に

⑥-② パス類

パスを使った測定のとき、寸法を「拾う」とか「移す」といいます。この言葉にパスの柔軟な使い方がよく表現されています。

(1) パスの構造と特徴

パスにはいろいろな種類と大きさがあります(**図6-12**)。

パスは2枚の腕板をかしめで止めただけの極めて簡単な構造なので、自作も含めて自由な形にできることが大きな特徴です。

図6-12の上から2番目の内パスは、外側を削ってより狭い所を拾えるように改造したものです。

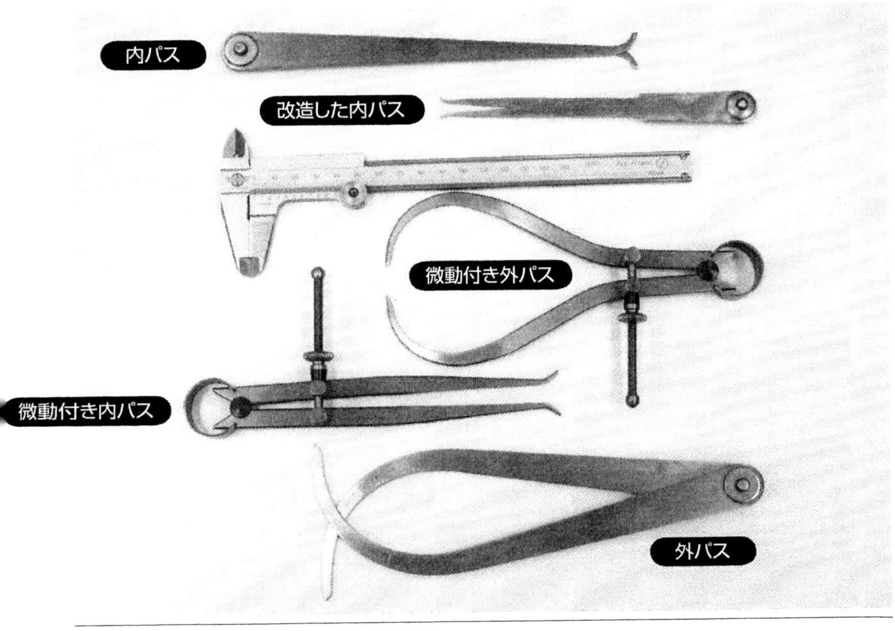

図6-12 パスの仲間

● 外パス

外パスは丸いものや不定形のものの外形寸法を拾うのに使います。いろいろな大きさがあるので相手の大きさに合ったパスを使います（図6-13）。

ノギスでは拾えない大きな径も外パスなら簡単です（図6-14）。

いかがですか？これならノギスで測れない寸法もとれますね。

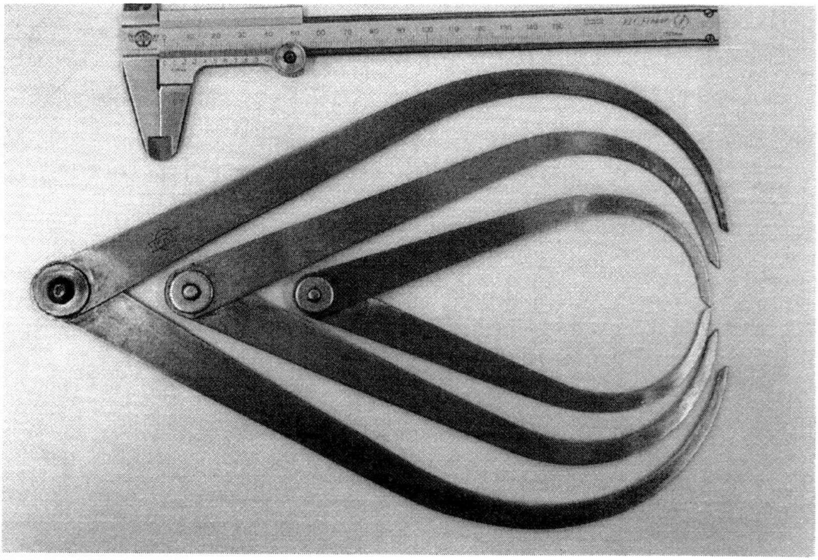

図6-13 さまざまな大きさの外パス

図6-14 ノギスでは大きすぎて測れない　　パスなら簡単!

● 内パス

内パスは狭い部分の隙間や内径を拾うのに便利です(**図6-15**)。

ノギスやマイクロメータでは測れない深い穴の段差など内パスなら簡単です。

図6-16の写真は旋盤の主軸穴の中の細い部分の径を測っているものです。

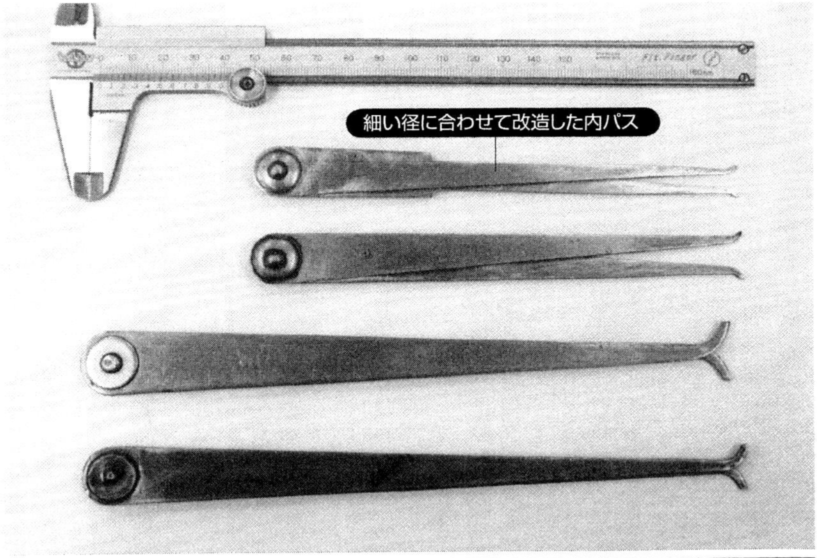

図6-15 内パス

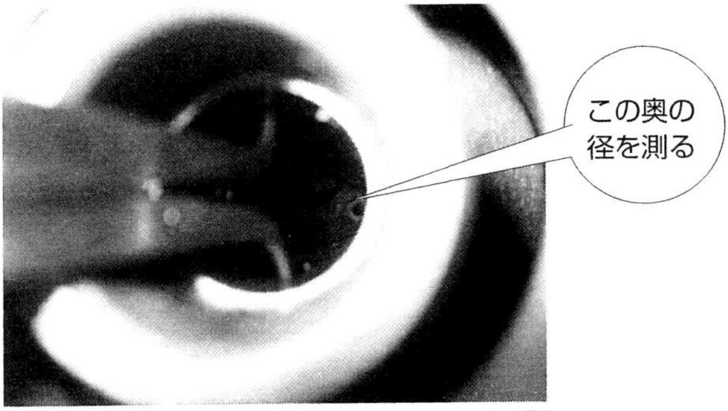

図6-16 内パスで穴の奥の径を測る

●片パス

片パスは丸棒の中心を拾ったり、機械加工のときに端からのおおよその寸法で目印をつけるような使い方をします（**図6-17**）。

旋盤作業では、段差加工などでおおよその位置に印をつけるのにとても便利です。

スケールから寸法を拾い、先の曲がっている方を丸棒の端面にあてて旋盤をゆっくり回転させ、尖っている方を軽く丸棒に押し付けます。これで丸棒の円筒部に目印の線を描くことができます（**図6-18**）。

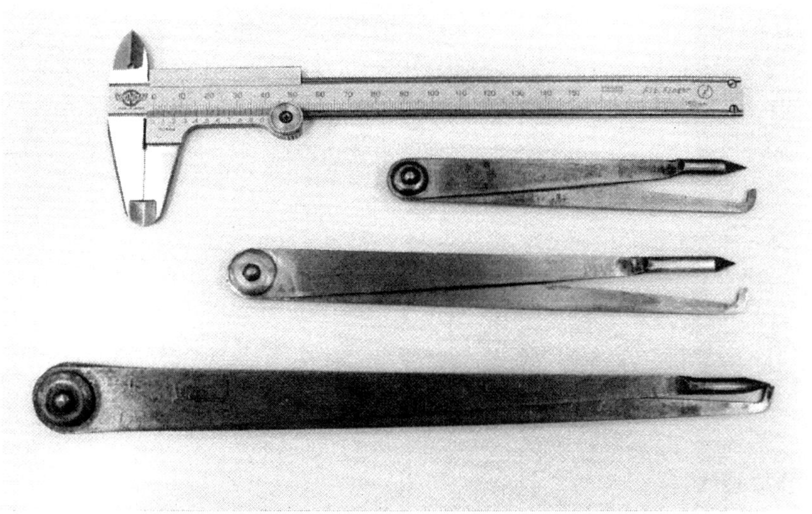

図6-17 片パス

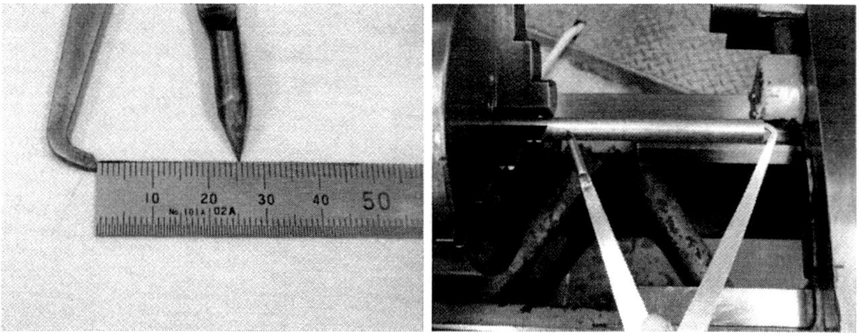

図6-18 スケールから寸法を拾う　　材料に印を付ける

●微動付きパス

外パスや内パスには微動機構の付いたものがあって、これはこれで便利です。普通のパスは不注意で何かにパスをぶつけてしまうと寸法を失ってしまいますが、微動付きはそうした「事故」があっても寸法を失うことはありません。そうした性質を使って、簡単なゲージとして使っても便利なのです（**図6-19**）。

ゲージとして使うには、先端のあたりを手の感触でつかむことです。

例えば微動付き内パスの場合、マイクロメータで基準寸法を作り、マイクロメータの測定子に当たったときの抵抗を手の感触で覚えます。この感触に対し、抵抗が大きければ被測定物の寸法は狭いということです。

微動付きパスはそれ自体に目盛りが付いていないので、別に測る方法をもっていなければなりませんが、微動ねじでこまかく調整できるので、これがメリットです。

簡単な検査用ゲージに早変わり！といったところでしょうか。

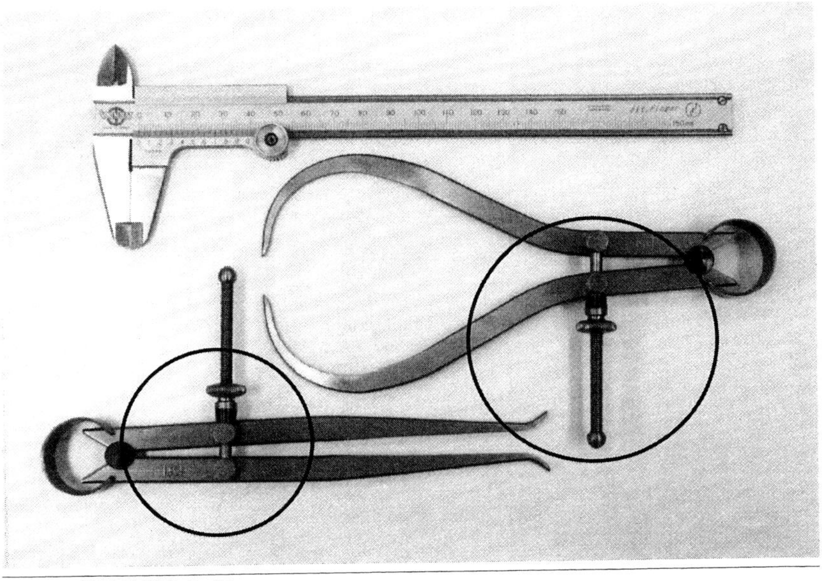

図6-19 微動装置付きパス

●コンパス（デバイダー）

コンパスは測定器ではありませんが、けがき作業には欠かせない工程です（**図6-20**）。スケールから寸法を拾いやすいのは微動機構付きコンパスですが、硬い材料にけがくときは先端が超硬になっているコンパスが便利です（**図6-21**）。

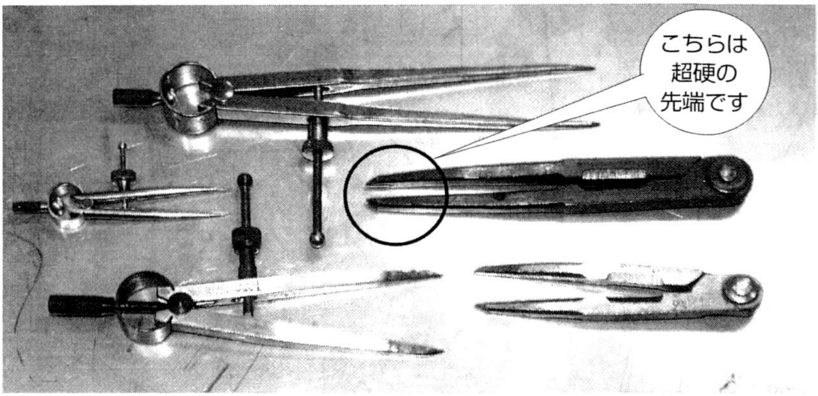

図6-20 コンパス（左側の3本は微動機構付き）

図6-21 スケールから寸法をひろう

6-3 パスを使ってみよう

パスを使った寸法測定は、2段階に分かれます。

第一段階はパスを測定したいところに当てて、寸法を拾う作業です。

次に、拾った寸法をスケールやノギスで読み取るのです。

それでは早速、外パスで丸棒の直径を拾ってみましょう。

(1) 外パス

● 第一段階：外パスをあてる

外パスの先端を測定したい部分の直径よりやや小さめに開き、パスの先端を部分に押し付けていきます。

そのままま押し込んでいくと、パスが適当に開いて測定したい部分の直径に開いて通過します。そしたら手前に引けば完了です。

図6-22の写真はノギスでは測ることのできない所ですが、パスならご覧のように簡単に直径を拾うことができます。

● 第二段階：パスの開きを測る

パスの開きをスケールで読んでみましょう。スケールの端にパスの先端の片方をあてて、もう一端をスケールの目盛りで読み取ります。このとき、スケールとパスの先端を平行に置くことが大切です(**図6-23**)。

図6-22 外パスで寸法を拾う

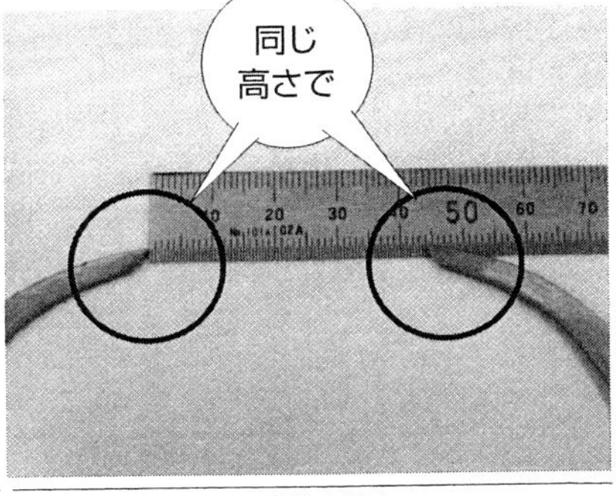

図6-23 スケールで寸法を読む

(2) 内パス

● 内パスの当て方

内パスを穴の内径に合わせるときは、パスの開きを適当な所に当てて調整します。そして穴に通すときの抵抗をしっかり覚えておきましょう(**図6-24**)。

拘束条件2も穴が深ければ自動的に合わせやすくなるという利点があり、内パスの利点が最も発揮される測定となります。

● 内パスの開きを測る

スケールで見るときはスケール端面にVブロックなどを置くと合わせやすくなります。

ノギスによる幅の測定は拘束条件2でしたね。ノギスとパスが二次元で平行になっていること、自由度1は上下のスライドのみです。

ノギスのジョーに当たるときの抵抗が穴に入れたときの抵抗と同じならOKです(**図6-25**)。

図6-24 内パスなら深いところもOK

ここがポイント!

パスが通るときの抵抗(手の感触)を覚えよう!

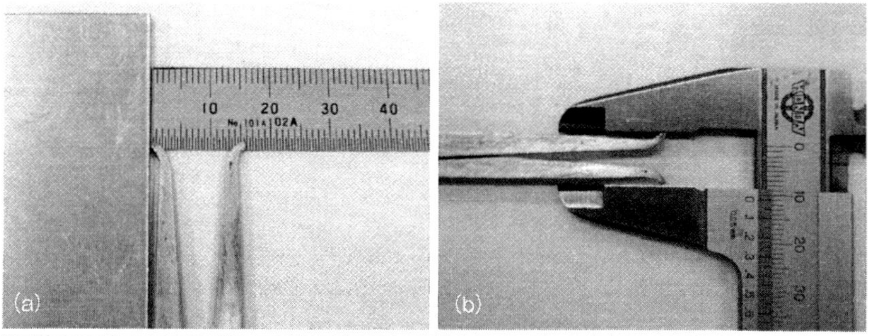

図6-25 スケールで読む　　ノギスで読む

(3) パスの改造と手入れ

パスは使う人が形状を自由に変えられることが大きなメリットです。考えようによっては、こんなに自由度の大きな測定工具はほかにはありません。

パスの先端はパスを閉じたときに正しくかみ合う必要があります。

図6-26の写真は先端が合っていませんね。これでは困ります。やすりで削って直しましょう。

パスの先端はかみ合わせをそろえた上で、適当な*R*を付けます。これは全てのパスの先端に共通です(**図6-27**)。

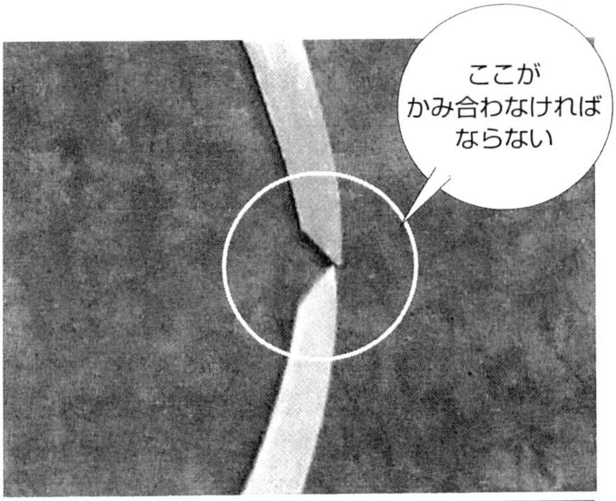

図6-26 パスのかみ合わせ

ここがポイント!

パスは自由に形を変えられる

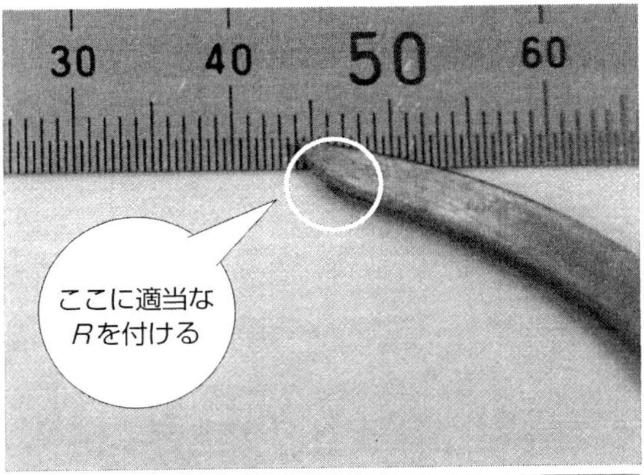

図6-27 パスの先端形状

ひとくちコラム

完全な平面を作る方法

完全な平面を基準とするのは良いのですが、それでは完全な平面はどうやって作るのでしょうか?

これは先の文章で「3面合わせ」という言葉を使ってしまいましたが、これが答えです。3枚の板を交互に擦り合わせて高い部分を徐々に削っていくと、完全平面ができる、それも3枚同時に、です。

それではなぜ3枚か?

もし2枚だったら、平面ではなく、球面で合致していても気がつきませんね。

これが3枚だったら、互いの面が同時に一致する条件は、数学的に平面しかありません。

ちょっとずつ削っていく方法はラッピングです。ほんのわずかしか削れないので非常に時間がかかります。わずかな加工といっても、加工熱によって表面が膨張します。研磨作業のあとすぐに平面を検査しても熱で曲がった面を見ることになるので、これを平面と勘違いすれば、いつまでたっても平面は実現できません。

さて、日本には世界で一番正しい平面があります。それは日本のある測定器メーカーに入社以来、ずっと3面合わせの定盤を作り続けてきた名人の手になるものです。あらゆる測定器より誤差の少ない平面って、すごいですね。

第7章

ブロックゲージ

7-1 ブロックゲージとは

ブロックゲージとは、大きさの揃ったさまざまな厚みの金属ブロックを多数用意して、その組み合わせによってあらゆる長さを高い精度で実現できるように構成したものです。

市販のブロックゲージは現場作業用の2級からブロックゲージを校正するためのK級まで4段階あります。

表7-1にミツトヨの誤差精度と級の関係の一部を紹介します。

図7-1の写真は0級のセラミックス製ブロックゲージです。

このようなものは空調設備で室温を一定に保てる精密検査室などで使用します。

表7-1

級	目的	具体的用途	誤差(μm)
2級	工作用	ゲージ製作、測定器の感度調整	0.30
1級	検査用	機械部品・工具の検査	0.16
0級	標準用	工作用ブロックゲージの校正	0.10
K級	参照用	学術研究用	0.05

図7-1 セラミック製ブロックゲージ(0級)

図7-2のブロックゲージは鉄製2級です。ものづくりの現場ではこの程度で十分。気軽に使ってこそ、ブロックゲージの真価が発揮できるというものです。

ブロックゲージ単体では使い道が限られてしまいますが、**図7-3**のようなアクセサリーセットと組み合わせると、さまざまな使い方が可能になります(アクセサリーセットは⑦-④項で説明します)。

7章では、2級ブロックゲージをもっと気楽に使ってほしいとの願いから、これだけ押さえればOK！という方法を紹介します。

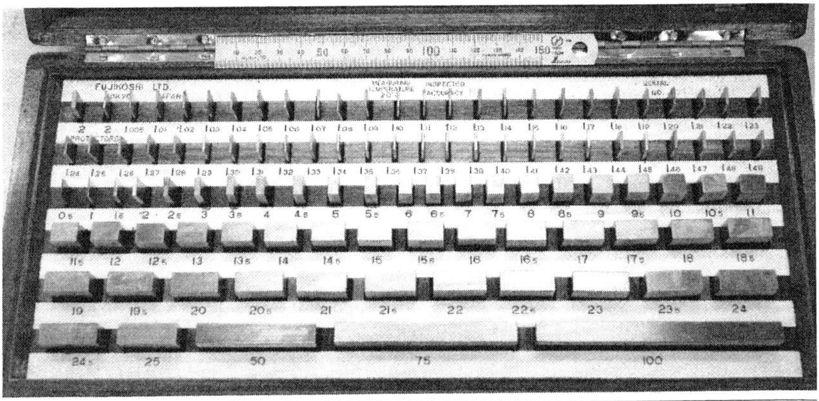

図7-2 鉄製ブロックゲージ(2級)

図7-3 アクセサリーセット

7-2 2級ブロックゲージをもっと使おう

私は、ブロックゲージをよく使います。

現場使用を目的とした2級のブロックゲージでも基準面は見事な鏡面です。誤差も0.2 μｍ以内。こんなすばらしい長さ基準を使わない手はありません。

ところが先輩からブロックゲージは素手でさわるな！と叱られたことがあります。熱膨張によって狂ってしまうとか、さびるなど理由はありますが、これがブレーキになって誰も使おうとはしません。

先輩諸氏に叱られつつ、今でも私はときどき素手で触っています。でも大丈夫！鋼製ブロックゲージを想定したルールを作って、それに従えば現場でこんなに頼れる測定工具は見当たりません。

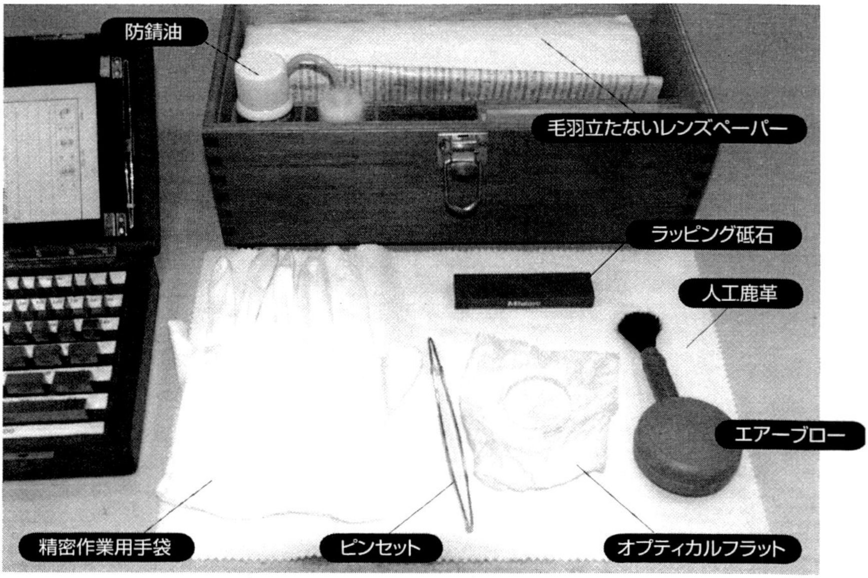

図7-4 ブロックゲージを使うための小道具

(1) ルール その1　取り扱いのための道具をそろえよう

図7-4の写真は「ブロックゲージ手入れセット」を開けて、必要なものを取り出したところです。

これだけあれば普通は十分です。

(2) ルール その2　さび対策

基本的には精密作業用手袋やレンズペーパーを使って直接手や指でブロックゲージを触らないようにしますが、どうしても直接触らないとできない作業もあります。

そのような場合は手や指先にワセリンやグリスを塗ってコーティングします（図7-5）。

鉄の部品を素手で触ると翌朝さびているという経験があると思います。そんなときどうしますか？　手にワセリンなどを塗りませんか？

ブロックゲージを触るときはこれを積極的に行います。

手を洗って汚れを落としたあと、よく手を乾燥させてください。そのあとで手にワセリンやグリースを薄くのばしておきます。

作業が終わったらブロックゲージの汚れを拭いて、油を塗ります。これができればさびることはありません。

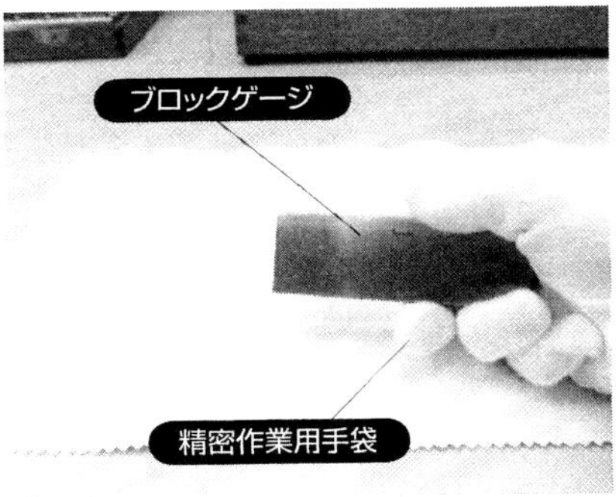

図7-5 精密作業用手袋を着用

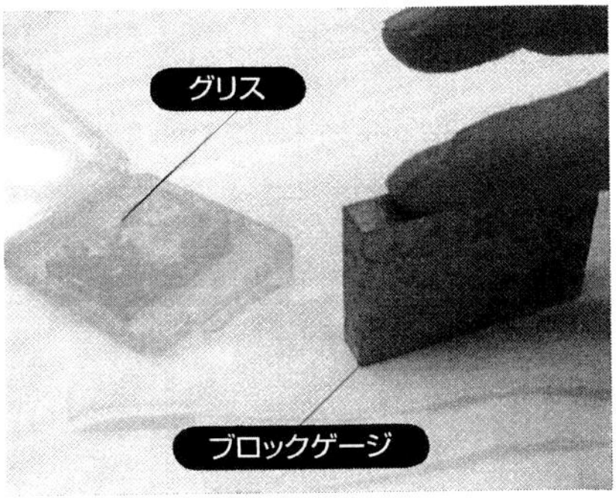

グリスは指で塗る

(3) ルール その3 温度の影響を考える

ブロックゲージを現場で使うならば、その部屋の温度を測って熱膨張による寸法の変化を補正する必要があります。

補正値＝呼び寸法(m)・熱膨張係数・(使用温度－20)

ただし、熱膨張係数は材質によって異なります。検査表に熱膨張係数が記載されているので確認してください。ちなみに、図7-1のブロックゲージの熱膨張係数は、12.0×10^{-6}/℃(20℃)です。

例えば、手で100mmのブロックゲージをもっていた場合の実際の寸法の変化を考えて見ましょう。

指先の温度は30℃程度といわれていますので、温度差10℃となり、12 μ mも長くなってしまいます。

(4) ルール その4 取り扱いはセーム革の上で

ブロックゲージを使うときは、セーム革(人工鹿皮)を敷いて行いましょう。特に作業現場では下が定盤や機械の基準面など、固い場所がほとんどです。じゃまにならない場所にブロックゲージを取り扱う場所を確保し、そこにセーム革を敷いて、その上で作業を行います(**図7-6**)。

セーム革がなければ新しいウェスでもOKです。

このあたりがちょっと面倒かもしれませんが、ブロックゲージを自在に使えるようになると精密測定や精密組立の実力が大きく伸びます。

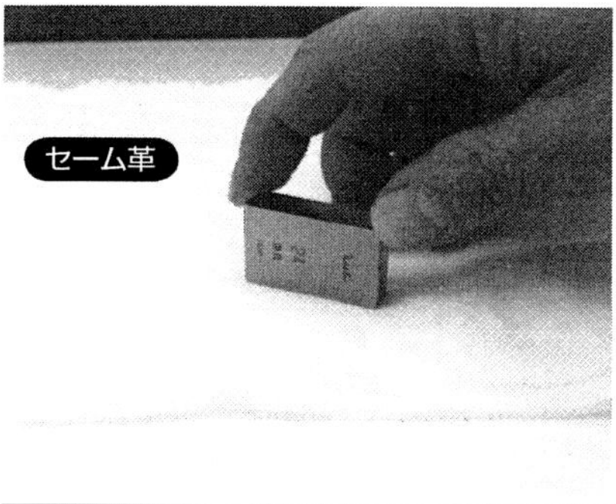

図7-6 セーム革の上なら落としても安心

ここがポイント！

ブロックゲージを素手で長く触っていると、熱膨張によって長くなったり反ったりします。要注意ですね。

ここがポイント！

ノギスやマイクロメータは自分で検査できる！これを目指しましょう。

7-3 リンギング(密着)

リンギングとは平らな金属面を擦りあわせると密着する現象です。

定盤が磨り減ってくるとハイトゲージの底が張り付いて動きにくくなります。これがリンギングです。

ブロックゲージはこのリンギングを上手に使います。リンギングを使って多数のブロックゲージを重ね合わせ、目的の長さとするのです。

(1) リンギング前の準備

ブロックゲージに塗ってある防錆油をしっかり取らないとリンギングがうまくいかないのですが、完全に油膜をとってしまってもうまくいきません。ほんの僅かですが油膜が必要です(**図7-7**)。

次に、リンギングする面のオプティカルフラットを載せて平面度を調べます。虹色の干渉縞(ニュートンリング)が出ればOKです(**図7-8**)。

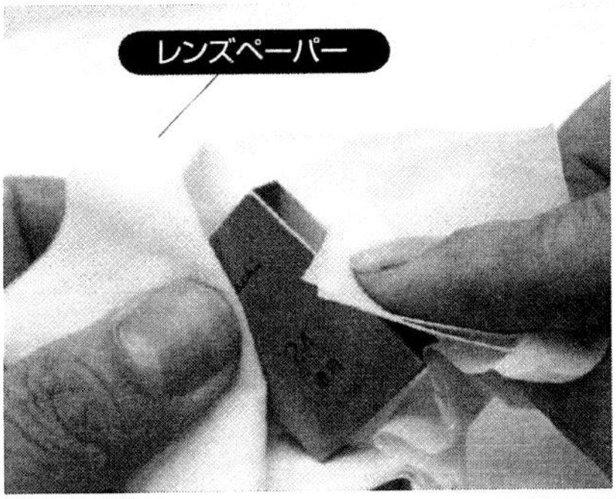

図7-7 レンズペーパで余分な油や汚れをふき取る

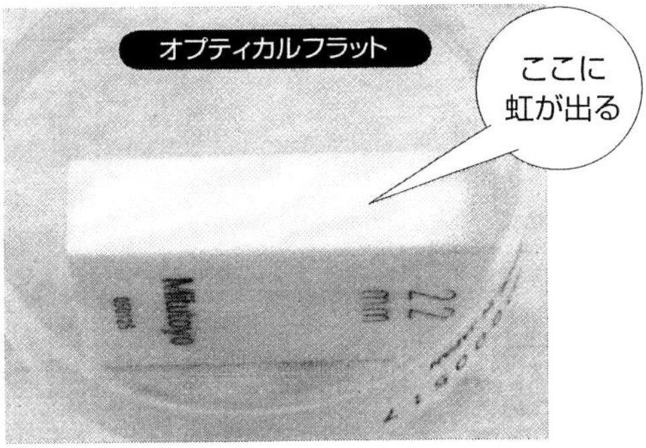

図7-8 オプティカルフラットを載せてニュートンリングを見る

(2) リンギング その1　厚いブロックゲージ

厚いブロックゲージ同士(100mmと25mm)をリンギングでつなぎましょう。

図7-9の写真のようにお互いを90°交差させて置き、軽く押しながら回転させてそろえます。ゴミなどを挟んでいなければこれで密着するはずです。

リンギングが成立していれば**図7-10**のように横にしても25mmのブロックゲージは落ちてきません。もし25mmのブロックゲージが落ちるようならもう一度最初からやり直しましょう。

うまくいったら温度がなじむまで定盤や組み立て作業中の基準面におきます。

これでリンギング完了。125mmのブロックゲージとして使えます。

リンギングに慣れるまで何度も繰り返してください。

図7-9 交差させて

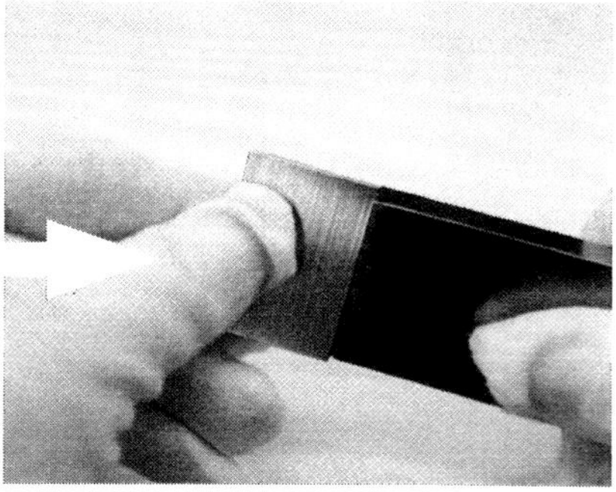

90°回転させる

図7-10 リンギング成功!

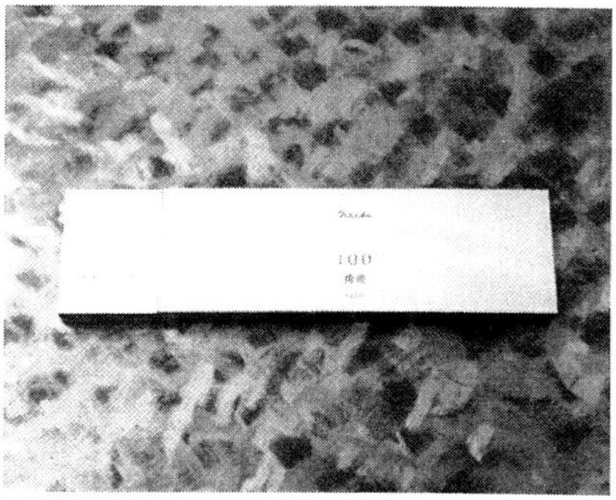

温度がなじむまで待つ

(3) リンギング その2 厚いものと薄いもの

厚いブロックゲージと薄いブロックゲージのリンギングは以下のようにします。この方法は実際によくあるのでしっかりできるようにしておきましょう。

100mm のブロックゲージに1mmのブロックゲージをリンギングによって密着します。面を清浄化することは⑦-③(1)と同じです。

まずはじめに、厚いブロックゲージの上に薄いグロックゲージの端を乗せます(**図7-11**)。

その後、そっと滑らすように厚いブロックゲージに重ねます。

このままでは薄いブロックゲージが指の温度で暖められて反っている可能性があるので、温度がなじむまで待って、オプティカルフラットでブロックゲージが反っていないかを確かめます(**図7-12**)。

不規則な縞模様でなければOKです。

不規則な縞模様が見えたら薄いブロックゲージが反っているので、もうしばらく時間を置いて再度調べます。

薄いブロックゲージは人間の手の温度の影響を受けて簡単に反ります。時間をかけて温度がなじむのを待ちます。

それでも縞模様がみえるようなら、最初からやり直します。

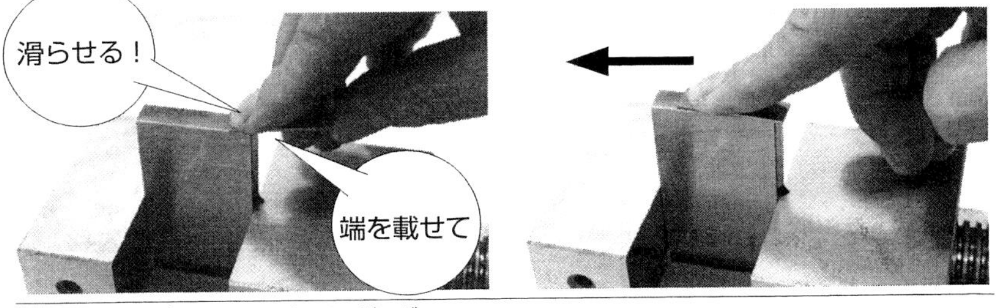

図7-11 薄いブロックゲージのリンギング

図7-12 オプティカルフラットで平面を見る

ここがポイント！

薄いブロックゲージのリンギングは素手ですばやく行います。

(4) リンギング その3　薄いもの同士

薄いブロックゲージ同士をリンギングするときは少し手間がかかります(図7-13～15)。

最初に⑦-③(2)の要領で、厚いブロックゲージにどちらか一方の薄いブロックゲージをリンギングさせます。

その後、さらにもう1枚の薄いブロックゲージをリンギングさせます。

図7-13の写真は2枚目を乗せたところのものです。

2枚目がリンギングできたらダミーの厚いブロックゲージを外します。

図7-14の写真は厚いブロックゲージを外して温度をなじませているところです。

温度がなじんだらオプティカルフラットで縞模様の有無を確認します(**図7-15**)。

薄いブロックゲージのリンギング作業は素手で行うので、温度が元に戻るまでしばらく時間が必要です。

いかがでしたか、リンギング。慣れてしまえば難しくありませんね。

図7-13　薄いもの同士のリンギング

図7-14 下のブロックゲージを外せばOK

ここがポイント!

薄いもの同士のとき、厚いブロックゲージをダミーにして、その上に1枚ずつ載せていく

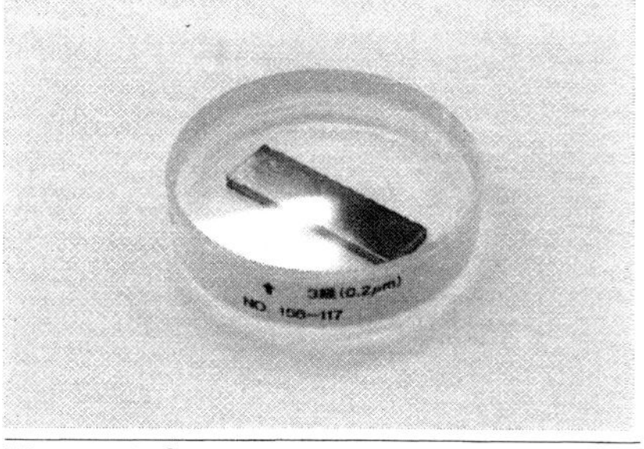

図7-15 オプティカルフラットで平面をみる

7-4 アクセサリーセット

ブロックゲージをより有効に使うため、アクセサリーセットが用意されています。アクセサリーセットの中には便利なものがたくさん入っています(図7-16)。

なんだか子供のおもちゃ箱のようです。私は、はじめてこれを見たとき、一体どうやって使うのかと思いをめぐらし、とても楽しくなりました。

アクセサリーセットの中に入っているものの使い方を順に紹介します。

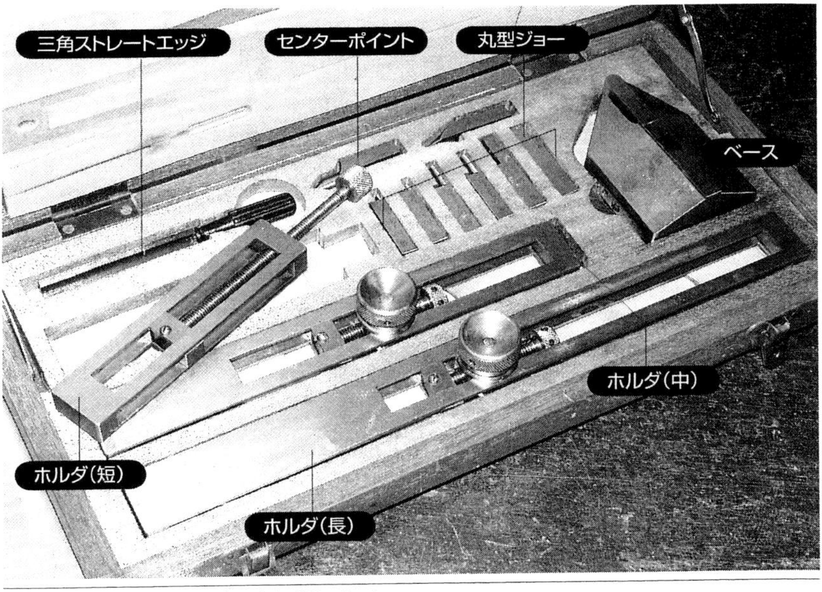

図7-16 おもちゃ箱のようなアクセサリーセット

(1) ホルダ

ブロックゲージホルダ(**図7-17**の例は3 種類)にブロックゲージを入れて後の項で紹介するジョウを付ければ、長さあるいは隙間の標準を作れます。

このホルダはベースブロックにも取り付けられるようになっていて、ブロックゲージを垂直に立てると、高さ標準となります。

(2) ベースブロック

ベースブロックはブロックゲージをタテに取り付けられるようにするためのもので、ホルダと組み合わせて使います(**図7-17**)。

(3) 丸型ジョウ

丸型ジョウは普通2～3種類のRを持ったジョウが2個組になっています。

ホルダで2個のジョウを向かい合わせにし、その間に目的の寸法のブロックゲージを挟めば、その寸法の長さ標準ができ上がります(**図7-18**)。

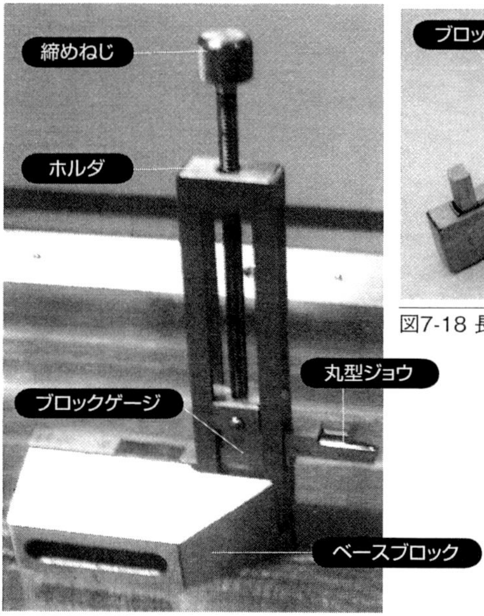

図7-17 高さ標準をつくる

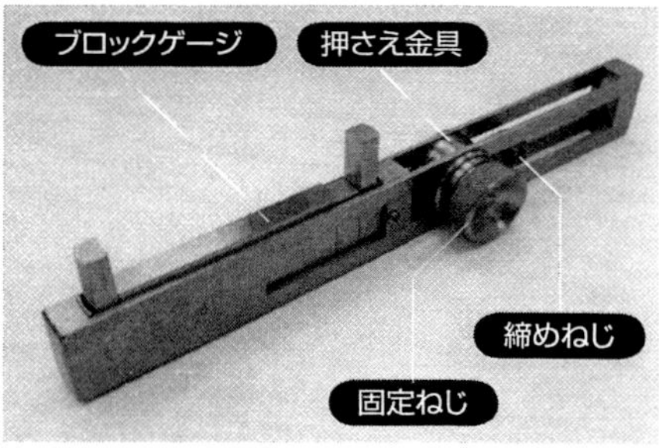

図7-18 長さ標準を作る

(4) 三角ナイフエッジ

三角ナイフエッジは、文字どおり三角形の頂点の辺が直線として使えるもので、検査する面の真直度を検査する道具です(図7-19)。

見たい面にエッジを当てて、光が漏れないかを見て判断します(図7-20)。

光が漏れなければその面は直線です(図7-21)。

図7-19 三角ナイフエッジ

ここがポイント!

アクセサリーセットは、ブロックゲージの本来の役割=長さの基準器として、活躍の場を大きく拡大するものです。ブロックゲージとアクセサリーセットはぜひとも揃えておきたいですね。

図7-20 ナイフエッジを載せて

図7-21 光が漏れなければOK

⑦-⑤ ブロックゲージを使ってみる

⑦-④で紹介したアクセサリーセットも使って、さまざまな測定シーンを紹介します。

(1) 長さ標準として使う

ホルダにジョウとブロックゲージを挟んで長さ標準が作れます。これによって、マイクロメータの校正やプラグゲージの点検を行います(**図7-22**)。

次はノギスのトレーサビリティ検査です。

ブロックゲージとホルダを使った長さ基準をつくり、検査します(**図7-23**)。マイクロメータの校正もこれでOK！

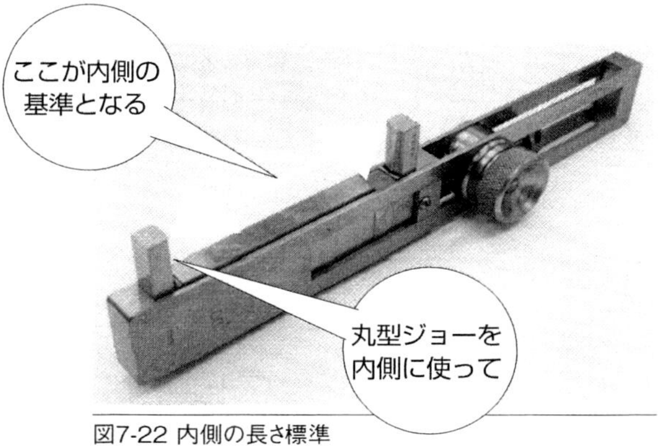

図7-22 内側の長さ標準

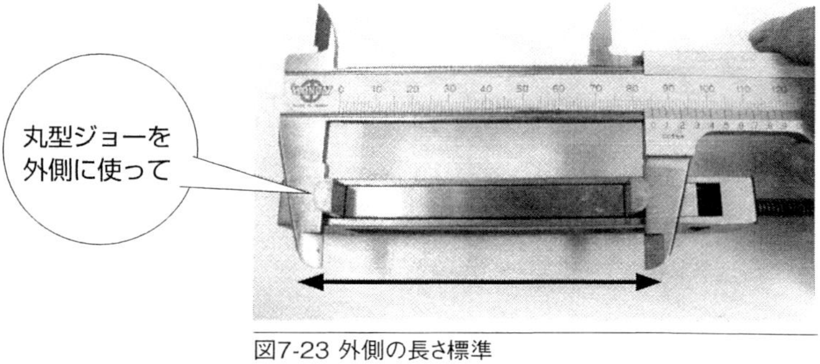

図7-23 外側の長さ標準

(2) 高さ標準として使う

ベースブロックとホルダで、高さ標準を作ることができます。

高さ標準はダイヤルゲージを併用して高さを比較測定することができます(図7-24,25)。

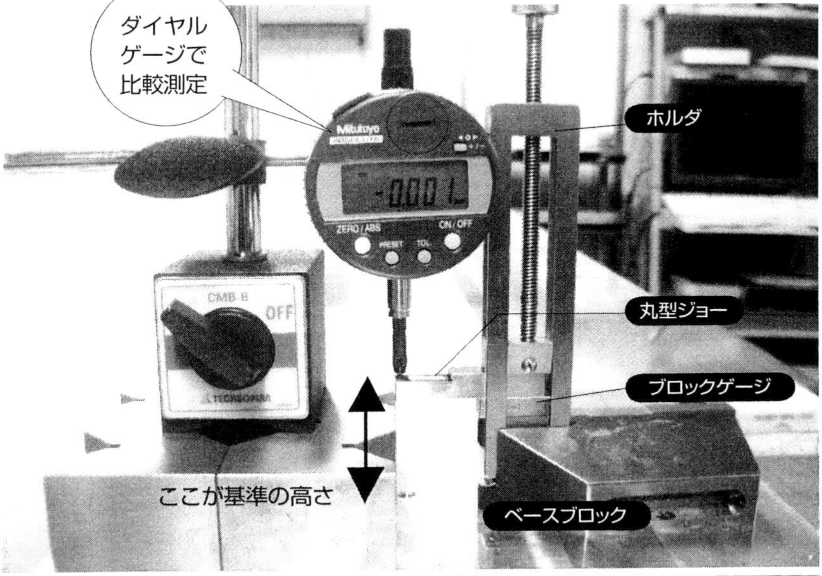

図7-24 比較測定の高さ標準

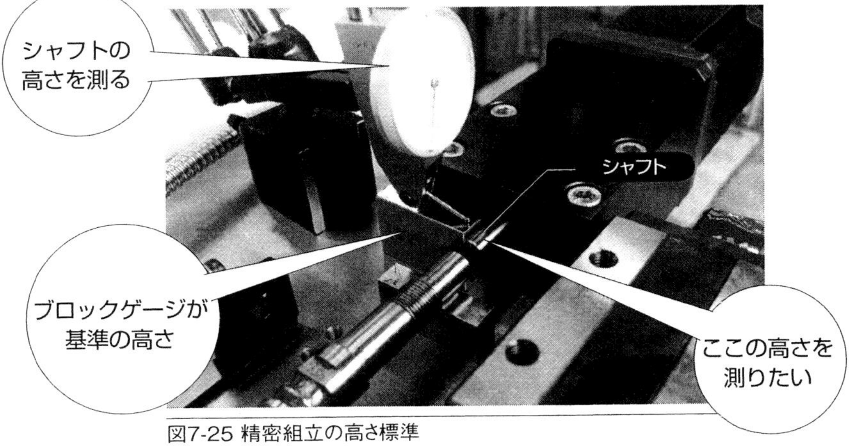

図7-25 精密組立の高さ標準

7-6 基準器

ブロックゲージは長さの基準器でしたが、ほかにもさまざまな基準器があります。本書ではほかの章で紹介するスペースがないので、ここで簡単に紹介します。

これらは専門的な測定工具ですが手元にあると便利です。第3章のダイヤルゲージに出てくるので参考にしてください。

(1) ストレートエッジ

文字通り、直線の基準です。

断面形状はさまざまですが、Ｉビーム型が重くならず取り扱いが楽です(図7-26)。

精度は等級によって異なりますが、精度を測定したグラフが入っています。長いので熱膨張の影響など取り扱いは要注意です。

(2) 直角マスタ

これらは直角の基準です。

スコヤは定盤の上で活躍しますが、直角マスタは工作機械の基本性能を見るときに使います(図7-27)。

取っ手の部分は手の熱が伝わらないような工夫がされています。

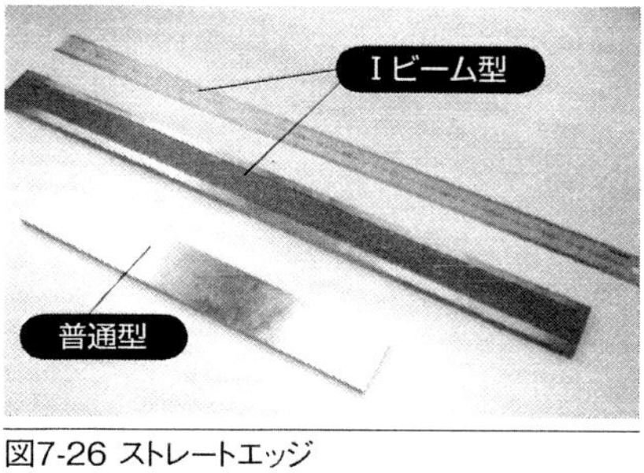

図7-26 ストレートエッジ

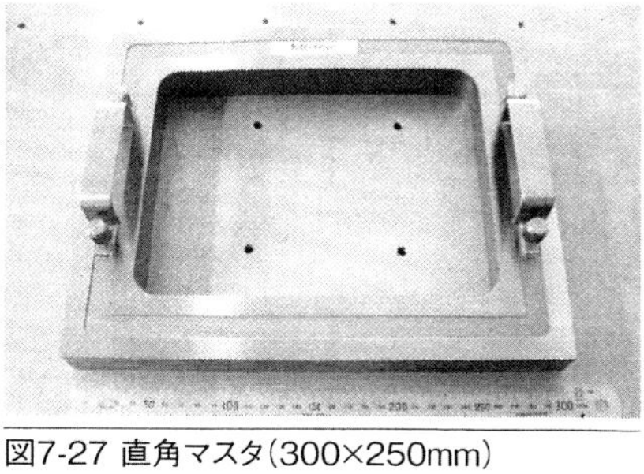
図7-27 直角マスタ(300×250mm)

(3) チェックマスタ

ブロックゲージを発展させた測定工具の中では、同じ幅のブロックを積み重ねたものを堅固な容器で固定した長さ標準があります。

チェックマスタは三次元測定機の校正や高さ標準など、さまざまな測定器の校正に使います(図7-28)。

これも直接素手で触らないよう、さまざまな工夫があります(図7-29)。

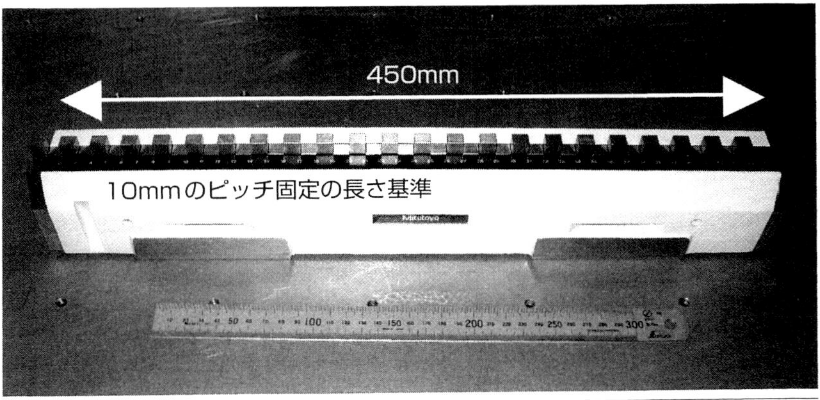

図7-28 チェックマスタ

図7-29 素手で触らないような工夫が随所に…

ここがポイント!

基準測定器はみな熱膨張による変形や寸法の変化が出ないよう細心の注意が必要です。測定器を持ち込んですぐ測るのではなく、温度がなじむまで待つことが大事です。

ひとくちコラム

定盤を基準とした組立技術

正しい平面を用いて精密組立を行う方法を確立したのはヘンリー・モーズレイだといわれていますが、ウィットワースという説もあります。

モーズレイの工場でウィットワースがきさげと3面合わせによる完全平面を作ったとする文献もあります。

30年前、スイスのCERN(ヨーロッパ共同原子核研究所)で、思いがけず現地の職人の定盤に対する深い愛着を知ることができました。

私が不注意でドライバーを落としたとき、運悪く石定盤の隅に当たってそこが欠けてしまいました。するとそのときの音に周囲の職人たちが気付いてすぐに集まってきました。そして定盤のあちこちを調べ、被害が軽微であることを確認するとほっと胸をなでおろしたあと、この定盤がいかに大切なものであるかを熱っぽく語ったのです。

駆け出しの若造であった私にとって、まさか彼らが自分で定盤を作ったのではないにしても、ヨーロッパの職人たちの定盤を中心としたものづくりを大切にしているかを知るよい機会となりました。

彼らはいまでもよきライバルとして、そしてよき友として、ニュートリノ反応を検出する実験の成功のために力を尽くしています。

高度経済成長の絶頂期、日本は技能オリンピックで連戦連勝、旋盤、フライス盤、溶接、精密組み立てなど、ものづくりの主要分野を席巻、ものづくり日本の基礎を築いた時代がありました。この時代、多くの工員が定盤の平面作りから始めました。定盤をキサゲ一本で平面にしていく作業は完全手作業であり、細心の注意力と強靭な忍耐が必要です。それはものづくりに最も必要な資質として、今も私たちに突きつけられている課題です。

今回の技能オリンピックで予想以上の成果をあげた日本ですが、彼らがものづくりの現場で輝き続けられることを、願って止みません。

第8章

水準器…角度を測る

この章は、これまでの長さを測るのとはちょっと違って、水準器を中心に角度を測る測定工具について紹介します。

ものづくりの現場では、角度や傾斜を測ることがときどきあります。水準器など、普段はなじみがないのですがこれがなかなか面白い。角度や傾斜の測定ができると、工作機械のわずかな狂いを見つけたり、機械を組み立てるときに大いに役だつのです。

正確な傾斜を作ったり検査できるサインバーも⑧-③項で詳しく解説します。

⑧-① 精密水準器

水準器は最も古く、素朴な測定工具の一つです。曲がったガラス管の中の気泡がいつも真上にあることを利用したもので、水平の基準となる最も基本的な測定工具の一つです(**図8-1**)。

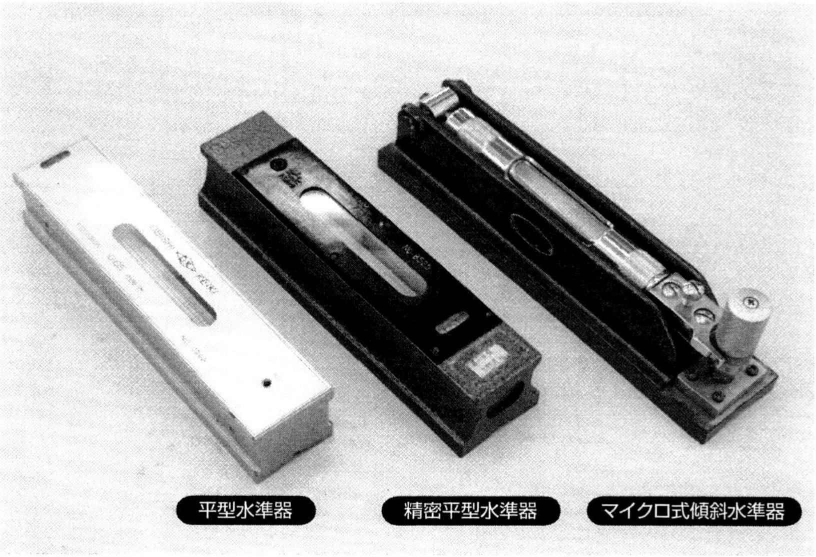

図8-1 各種水準器

(1) 構造と名称

水準器は鉄のベースと気泡管、調整ねじからなっています（図8-2～4）。

気泡管には目盛りが付いていて、1mにつき0.02～0.1mmの傾きを見るようになっています。

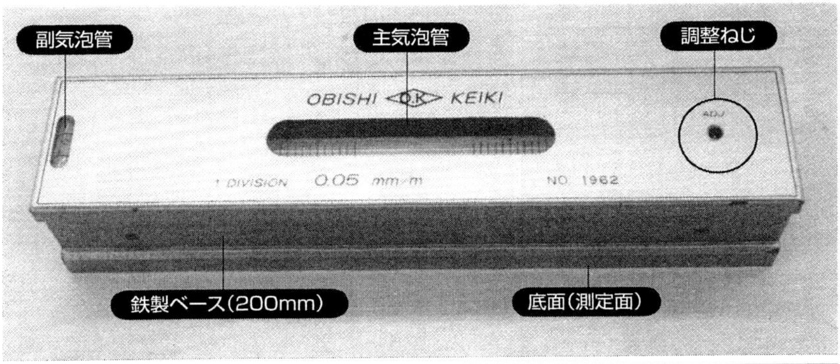

図8-2 水準器

水準器の底面が大切です。底面を傷つけないようにしましょう!

ここがポイント!

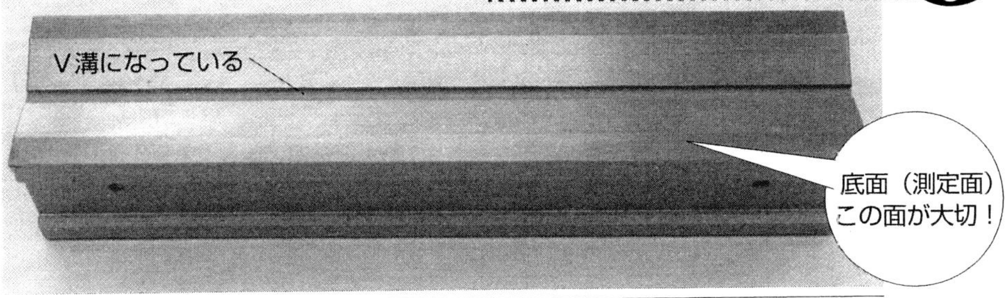

図8-3 水準器の裏側

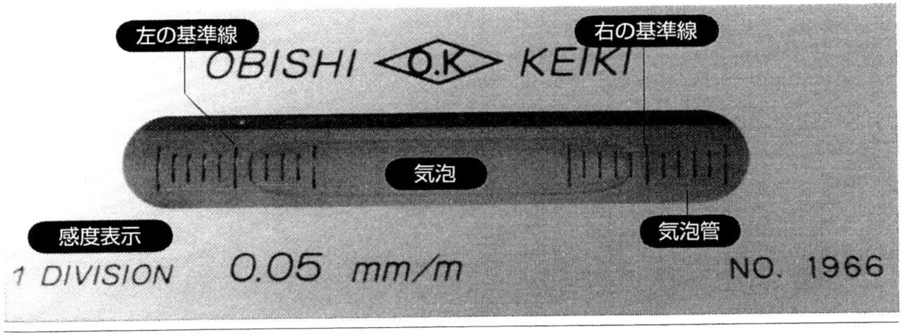

図8-4 主要部の名称

(2) 水準器の等級と種類

水準器は感度によって三つに区分されており、その性能によってA級とB級に分かれています。

水準器の感度	1種	0.02(mm/m)・・・	約 4″
	2種	0.05(mm/m)・・・	約10″
	3種	0.1 (mm/m)・・・	約20″
性能の区分(隣接精度)	A級	0.2目盛	
(許容値)	B級	0.5目盛	

図8-2の写真に示した水準器は、2種、B級ということになります。

主気泡管の目盛は2mm間隔となっていて、左右に基準線があり、気泡の両端が左右の基準線に合うものがよいとされています。

しかし、図8-2の写真でもわかるとおり、なかなかぴったりとはいかないところがあります。

水準器の寸法はJISでは150mm、200mm、250mm、300mmの4種類が示されていますが、100mm～600mmまで市販されています。

長いほうが良いかというとそうでもなくて、狭いところを見たいときは短いものでないと載せられないので、目的に応じて長さを選定します。

一般的な機械据付や定盤の水平出しは1～2種・B級長さ200mmが手ごろです。

(3) 気泡管の読み方

水準器の気泡管を読むには少し我慢《がまん》が必要です。

気泡管の中の泡の動きは遅いうえに振動するので、泡が落ち着くまで時間がかかります。

水準器は必ず180° 反転させ、同じ値になることを確認します。これを2～3回繰り返して表示が一致することが大切です。

水準器を使った測定ではこの再現性がなかなか実現しません。その理由は、水準器自体が高感度であることから、底面の僅かな凸凹や小さなゴミの付着などで水準器を反転するたびに条件が変わってしまうからです。したがって、水準器の底面と水準器を乗せる場所はきれいにしておきます。

図8-5の写真は、1目盛右にずれているので、1mにつき0.05mm、右が高い傾斜ということになります。

図8-6の写真の例では、2目盛右にずれているので、1mにつき0.1mm右が高い傾斜です。

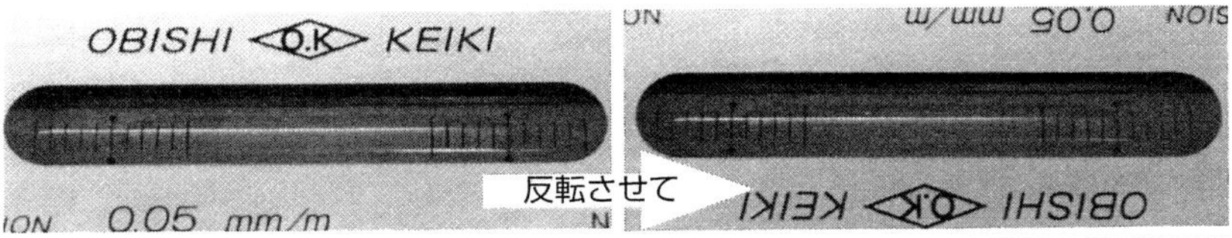

図8-5 右が高いとき

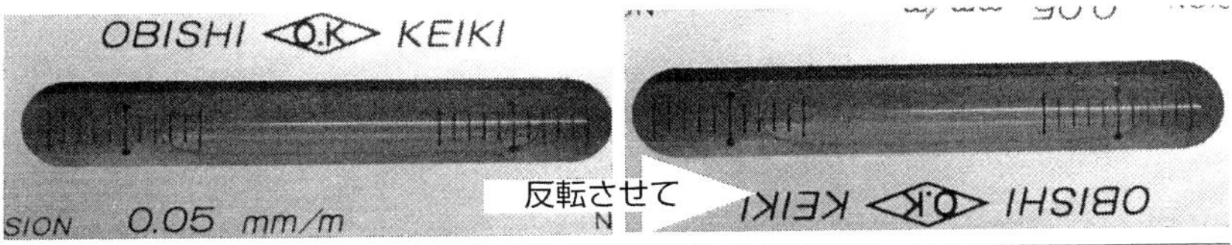

図8-6 左が高いとき

ここがポイント！

水準器は必ず反転させて読みが一致することを確かめる。

(4) 水準器の校正

水準器は使う前に校正する必要があります。校正は微妙な作業ですが、これができないと水準器は役に立ちません。

水平を出した定盤の上なら、気泡管の泡は中央に来ています。このときの気泡の位置をよく覚えておいてください。

水準器は必ず反転させて気泡が同じところに来ることを確認します。もし気泡管が反転させたときに違うところに来たならば、水準器を校正しなければなりません。

反転させたとき、気泡が同じ位置に来るよう、調整ねじを回してみましょう(図8-7)。

気泡の動きが遅いので、辛抱強く泡が安定するまで待ってください。

水平の面がない場合は、傾斜に対して水準器を平行に置けばよいので、水準器の置く位置を変えて、水平の角度を探しましょう(図8-8)。

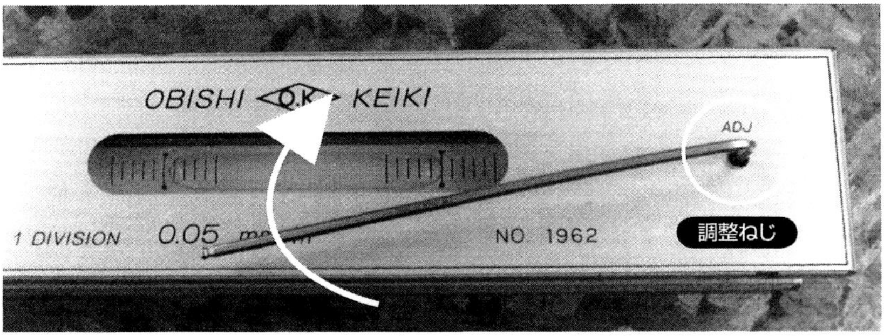

図8-7 水準器の調整

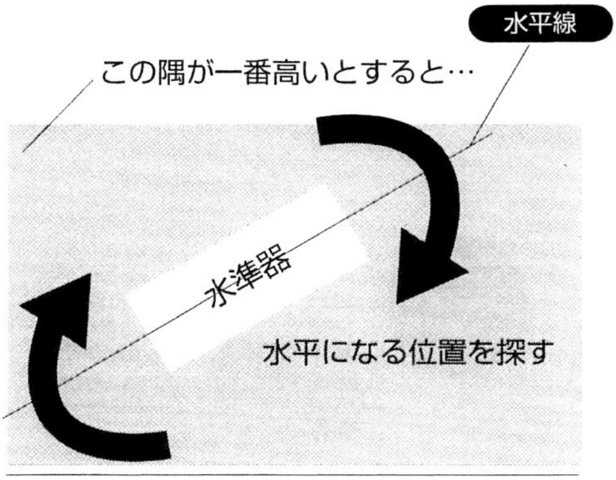

図8-8 水平面がない場合

ここがポイント!

水平な面が得られないときは傾いている場所でもOK。斜面の中にも水平になる所は必ずあるはずです。水準器を少しずつ回転させて、水平の場所を探します。

8-2 マイクロ式傾斜水準器

(1) マイクロ式傾斜水準器の構造

傾斜水準器は水準器の一方にマイクロメータを取り付けたもので、水準器の気泡管を目安として傾斜量(勾配)をマイクロメータで読み取るものです(図8-9)。

マイクロメータと基準軸との間隔は200mmなので、これを水準器の感度と同じ傾斜量に換算するにはマイクロメータの読みを5倍しなければなりません。

マイクロメータは20mmまでなので、最大1/10までの傾斜を測ることができます。角度に換算するときはtanで計算します(図8-10)。

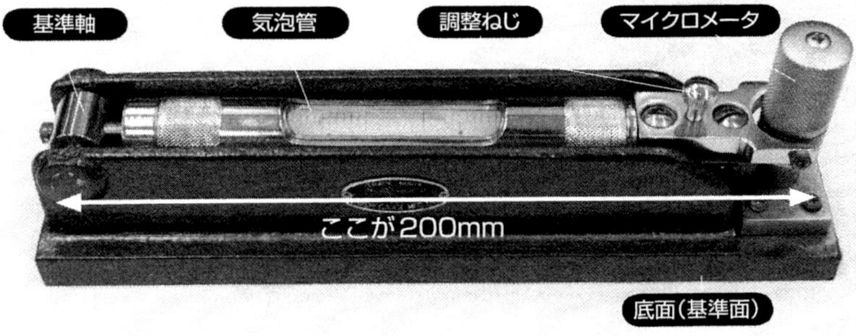

図8-9 傾斜水準器

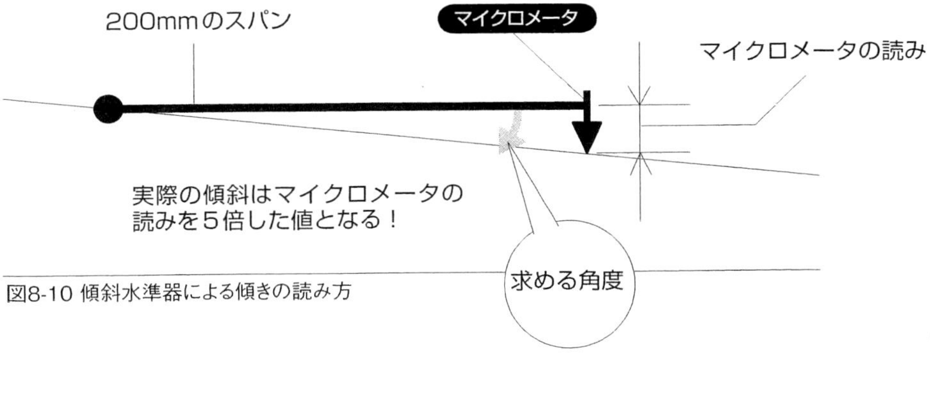

図8-10 傾斜水準器による傾きの読み方

(2) マイクロ式傾斜水準器の校正

マイクロ式傾斜水準器も精密水準器と同じように、使う前に校正する必要があります。

精密水準器のときと違うところは、マイクロメータをゼロにすることだけです(**図8-11**)。

あとは同じ要領で180° 反転したときの気泡管の読みが一致するように調整ねじを回します(**図8-12**)。

このように反転させて気泡管の表示が同じになればマイクロメータと気泡管のゼロ(水平)が一致したことになります(**図8-13**)。

調整ねじはちょっとしたこつが必要です。あまり固く締めても調整が難しいいし、緩くてはすぐに狂ってしまいます。

図8.11　マイクロメータをゼロにして

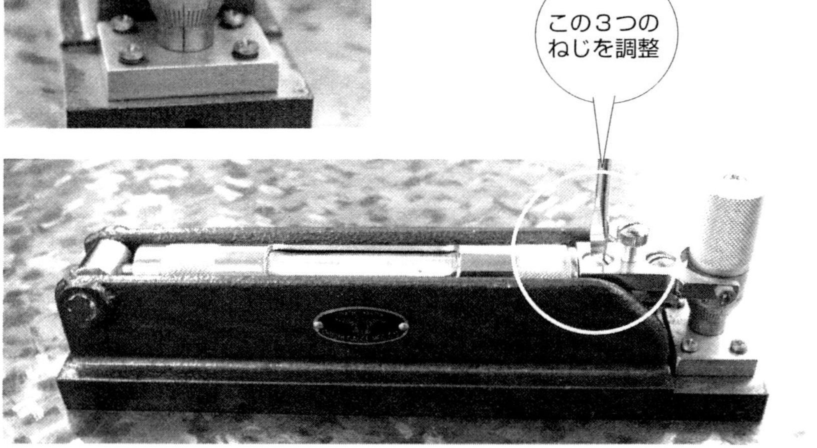

図8-12 押し引きねじで気泡管を中心に合わせる

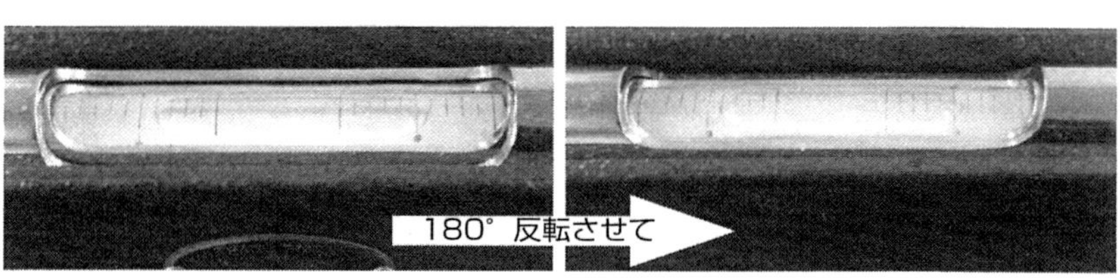

図8-13 必ず反転させて

(3) マイクロ式傾斜水準器の読み方

傾斜のある面にマイクロメータのある方が低くなるよう校正した傾斜水準器を置きます(**図8-14**)。

気泡管が水平を示すまで静かにマイクロメータを回します。水平を表示したら、そのときのマイクロメータの値を読みます。

図8-15の写真のようになったとすれば、

マイクロメータの読み：0.635mm
実際の傾斜　　　　　：3.175mm/m
求める角度は　$\theta = \tan^{-1} 0.003175$ から約0.1819°

となります。

傾斜水準器の角度はタンジェント(tan)ですが、⑧-③項で述べるサインバーはサイン(sin)で角度を計算するので混同しないように気をつけてください！

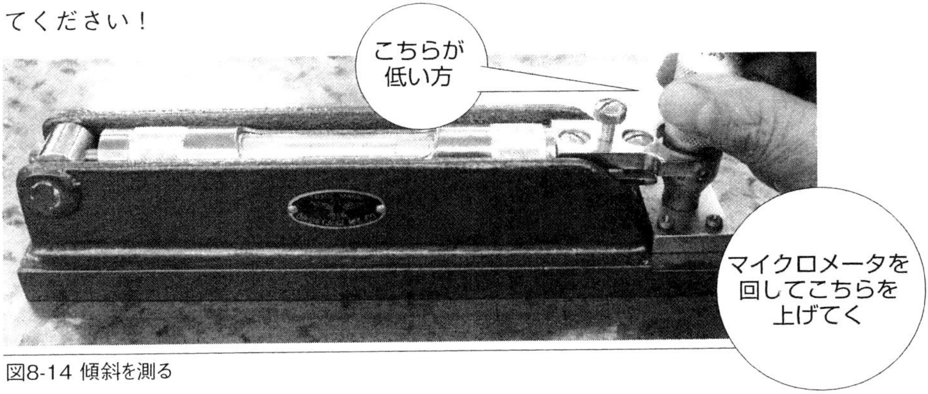

図8-14 傾斜を測る

図8-15 マイクロメータを読む

ここがポイント！

傾斜水準器はタンジェント表示です。

8-3 サインバー

サインバーは2個の円柱を一定の距離に置いて、その一端にブロックゲージを入れて傾斜を付け、角度の規範とするものです。

定盤や工作機械の上で角度の基準を作ったり、未知の傾斜を測ることもできます。

(1) 検査用サインバー

検査用サインバーは最も単純な構造と形状をしています(**図8-16**)。

両端のローラは直径が同じで中心距離が正確に作られています。

図8-17の写真の例では、左側に20mmのブロックゲージを入れたので、測定面の傾斜は1/10となります。

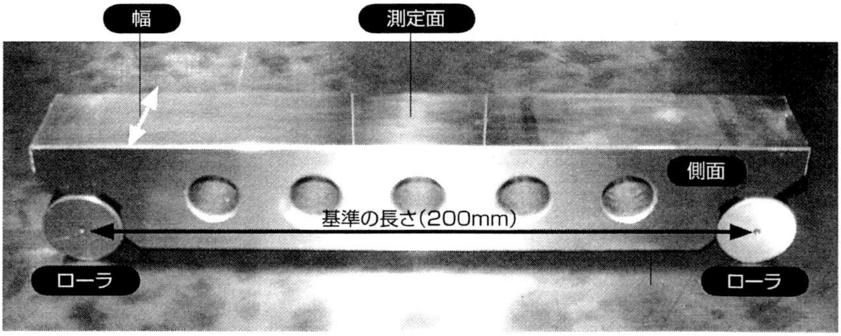

図8-16 サインバーの主要部

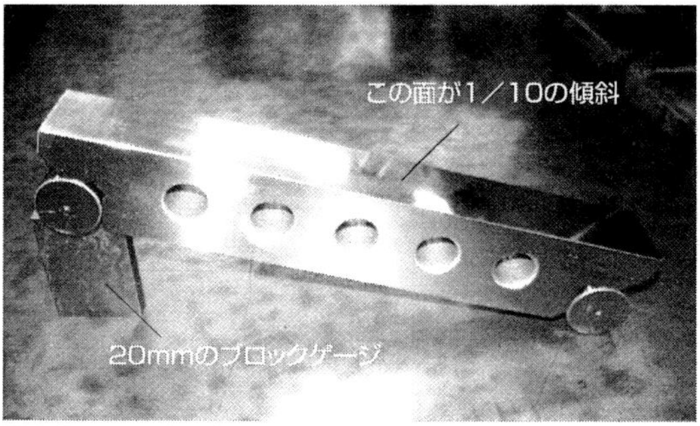

図8-17 片方にブロックゲージを入れる

このとき、求める角度は、

$\theta = \sin^{-1} 1/10$となるので約5.73917°

となります。同じ1/10でも僅かに違っているので気をつけましょう。

サインバーのときは	5.73917°
傾斜水準器のときは	5.71093°

傾斜水準器では1/10以上の角度は測れませんでしたが、サインバーは構造上45° 程度までの角度を自由に作ることができます。

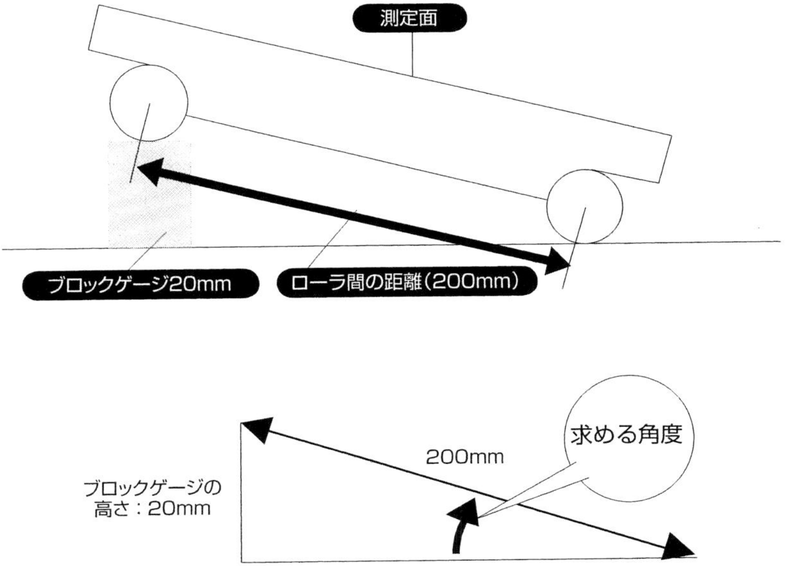

図8-18 角度の計算

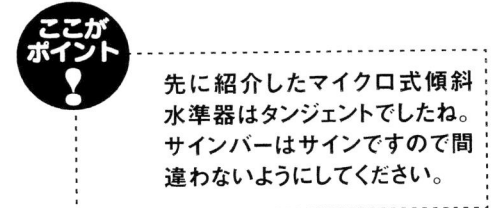

ここがポイント!

先に紹介したマイクロ式傾斜水準器はタンジェントでしたね。サインバーはサインですので間違わないようにしてください。

(2) 工作用サインバー

工作用のサインバーは基準面を持っていて、2軸の片方が蝶番《ちょうつがい》となっており、反対側にブロックゲージを挟むことで目標の傾斜や角度を作ることができます。

この上に工作物を置いてミーリングバイスで挟んだり工作物に直接載せることによって正確な角度の加工を行うことができます。

傾斜テーブルで設定した角度の検査もサインバーを使います。こうした場合はマグネット吸着式の工作用サインバーが便利です。

図8-19の写真は傾斜テーブルで設定した角度が正しいかどうかを確認しているものです。傾斜テーブルだけでは角度の精度は出ないのですが、このようにサインバーとブロックゲージを併用すれば、極めて高い精度で角度を決めることができます。

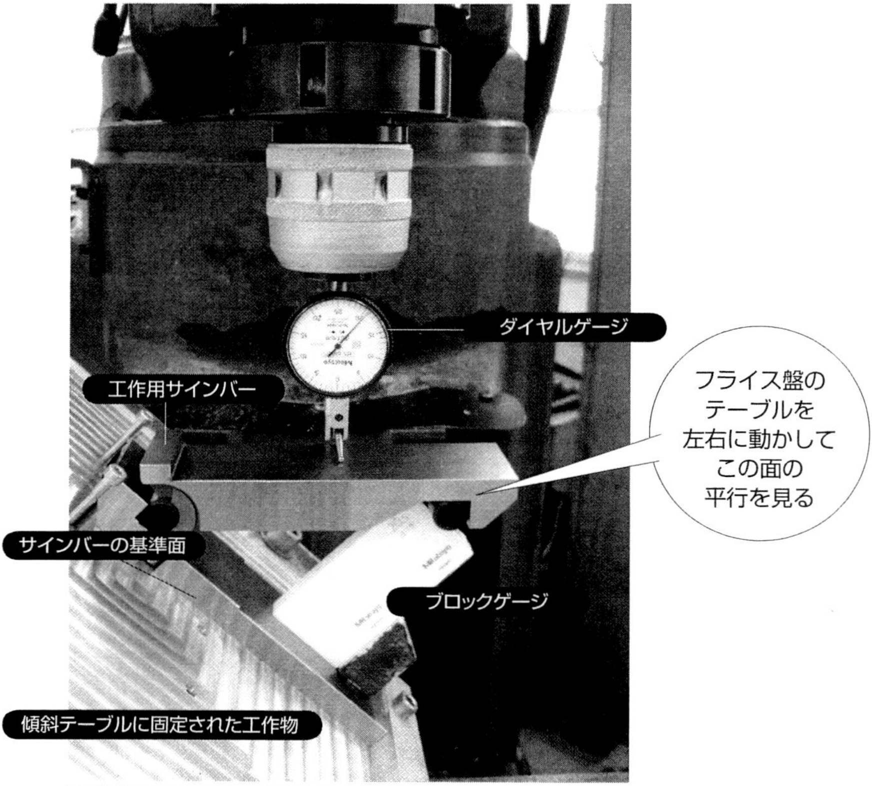

図8-19 工作用サインバーを使った傾斜角のセッティング

8-4 プロトラクター（分度器）

分度器は小学生のときから使った文房具の一つなので皆さん一度は使ったことがあると思います。

ここで紹介するのは、まさにその分度器なのです。

懐かしいビニールの分度器でもそれなりに測定工具として使えますが、細かい読み取りや、測定したい部分と基準部分を沿わせやすくする工夫があって、こうした道具を見ること自体、なかなか楽しいものですね。

ユニバーサルベベルプロトラクターはバーニアスケールが付いていて5分角（約0.083°）まで読めるようになっています（**図8-20**）。

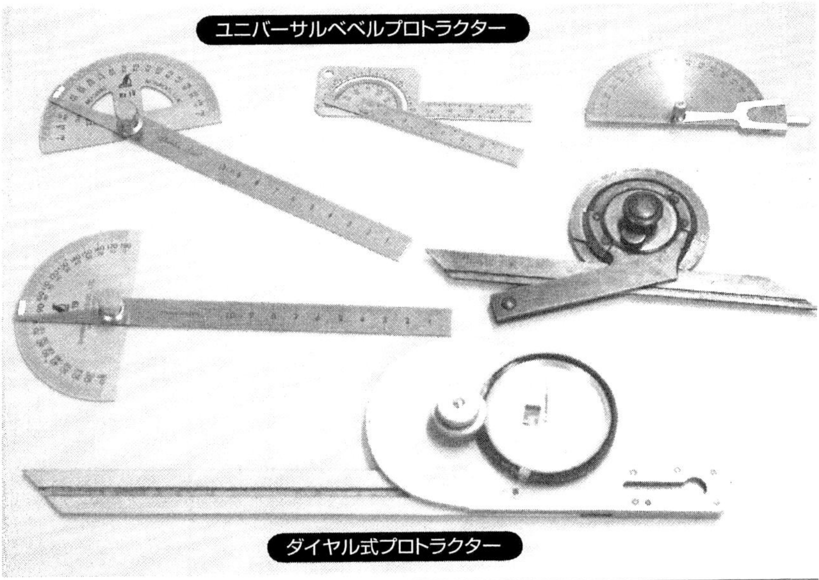

図8-20 各種プロトラクター

ひとくちコラム

精密加工には欠かせないダイヤルゲージ

私の大学では天体望遠鏡や人工衛星の部品も作るのですが、そのときに大活躍するのがダイヤルゲージです。

何が便利かと言えば、マグネットスタンドとの組み合わせによって、いろいろな場所に取り付けると、その場所のミクロンの変化が見えることです。

高価な測定工具はたくさんありますが、ダイヤルゲージほど安価でしかも自由に使えるものはありません。

機械を組み立てるとき、絶対精度ではなく相対精度が重要な意味をもちます。このときにダイヤルゲージが活躍します。

第7章で述べたブロックゲージを基準として用いれば、マイクロメータで直接測ることのできない組立途中の状態を測ることができます。

これを覚えてからは、機械加工も組立もずっと精度を上げることができるようになりました。

④-④項で示した写真は、赤外線天文観測衛星「あかり」に搭載した観測装置の重要な部品の軸合わせをしているときのものです。

分解能2μmのレバー式ダイヤルゲージ（ピークメータ）で同心性を確認したこの部品は「あかり」に搭載した赤外線分光装置の心臓部です。

私にとってダイヤルゲージは、とても大切な、そして信頼できる測定工具の一つなのです。

第9章

あると便利な測定工具

この章はこれまでに紹介できなかった測定工具を紹介します。

合わせて見る小さなゲージ類などの雑多なものがたくさんありますので、カタログ的に簡単な使い方と合わせて紹介しますので、「こんなものもあるのか…」「こんなこともできるのか…」という感じで気楽に見てください。

9-1 直接あててみるゲージ類

手のひらに乗るサイズの便利なゲージ類を紹介します（図9-1）。これらのゲージは合わせて見るもので、作業現場ではよく使われています。

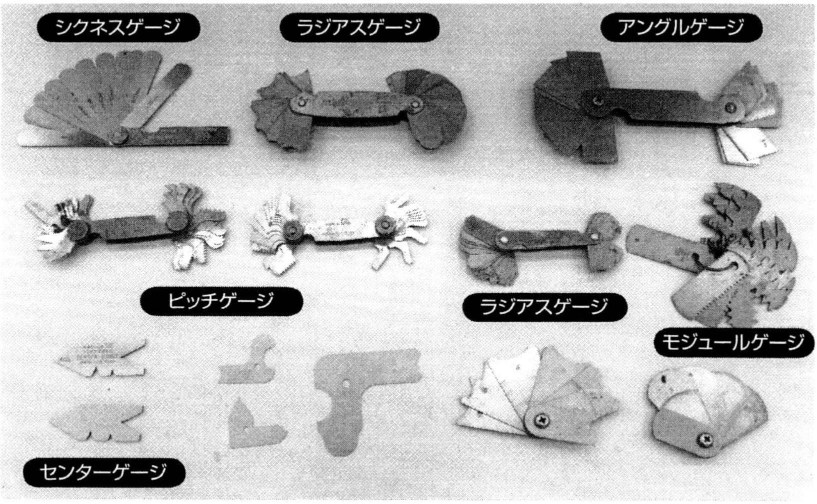

図9-1 いろいろなゲージ類

(1) ピッチゲージ

ねじのピッチを測るのはなかなか大変です。

しかし、**図9-2**のようなねじ部分に合わせて噛みあい具合を見るピッチゲージはとても便利です。メートルねじとインチねじの2種類があります。

ピッチの細かいねじは噛み具合がわかりにくいので、蛍光灯などの光を透かしてみます。

未知のねじのピッチはこのようにピッチゲージをあてます。ぴったり合えばそれがそのねじのピッチです(**図9-3**)。

(a) メートルねじ　(b) インチねじ

図9-2 ピッチゲージ

図9-3 ピッチゲージの使い方

(2) ラジアスゲージ

コーナー*R*や円弧の*R*を測るのに便利なのがラジアスゲージです。

ラジアスゲージは多くの種類があるので目的に応じて使いやすいものを選びます（**図9-4**）。

ラジアスゲージはヤスリで*R*を付けるときや旋盤のバイトを研磨するときに*R*の目安として使えるのでとても便利です（**図9-5**）。

ピッチゲージと同じように光を透かして光が漏れなければOKです。

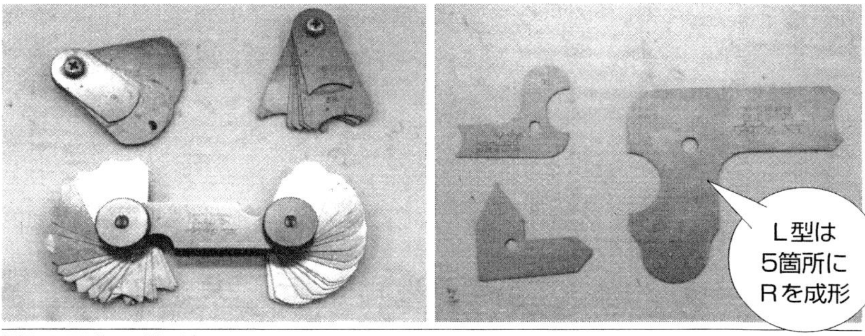

図9-4 ラジアスゲージ

図9-5 バイトの*R*を測る

(3) アングルゲージ

角度をおおざっぱに確認したいとき、アングルゲージは便利です（**図9-6**）。正確な角度は第8章のサインバー（⑧-③項）やプロトラクター（⑧-④項）を使いますが、ちょっと合わせる程度ならこれで十分です。

(4) センターゲージ

旋盤によるねじ切り作業で、バイトの刃先角度を合わせるときに使うのがセンターゲージです（**図9-7**）。

同じような目的で、旋盤作業のねじ切りバイトの取り付けを確認するセンターゲージやドリルの先端角度を見るゲージもあります。

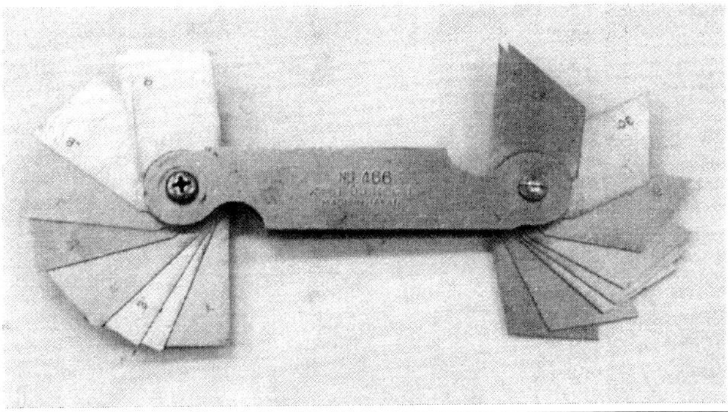

図9-6 アングルゲージ

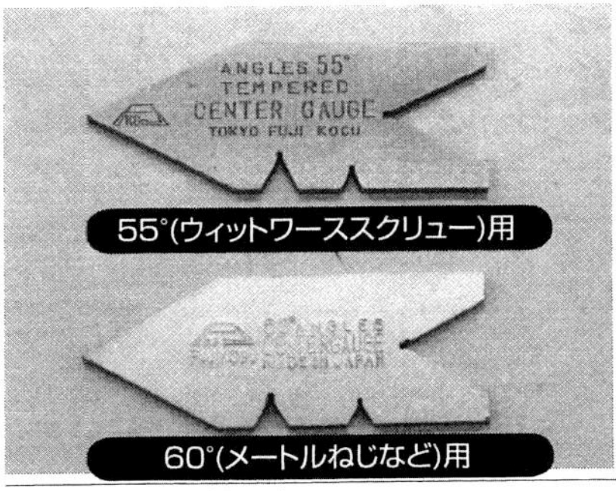

図9-7 センターゲージ

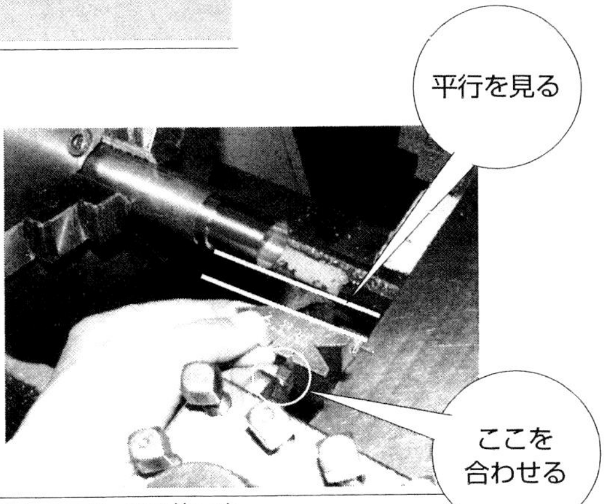

センターゲージの使い方

(5) モジュールゲージ

歯車のモジュールを一目で判定できるのがモジュールゲージです（**図9-8**）。

使い方も簡単、単純に歯車にあててみるだけです。ねじのピッチゲージのように、細かいものもないので気楽です。

(6) 隙間ゲージ（シクネスゲージ）

いろいろな厚さの板を組み合わせたもので、わずかに開いた隙間にこの板が入るか入らないかで隙間の寸法を知るというものです（**図9-9**）。

隙間ゲージは機械部品の狂いを見たり、組み立て作業の中で隙間を見たいときなどに重宝します。

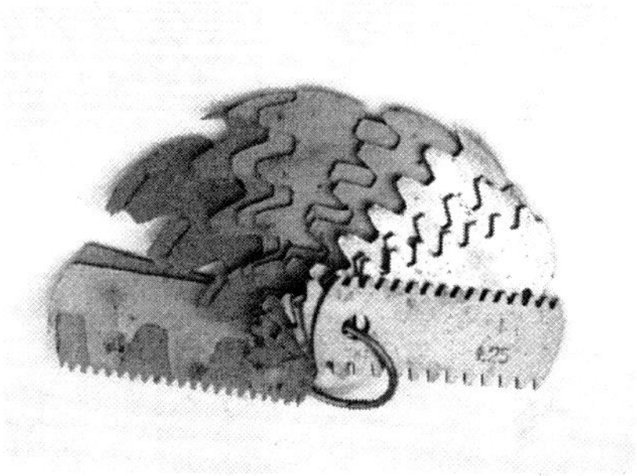

図9-8 モジュールゲージ

モジュール1でピッタリ!

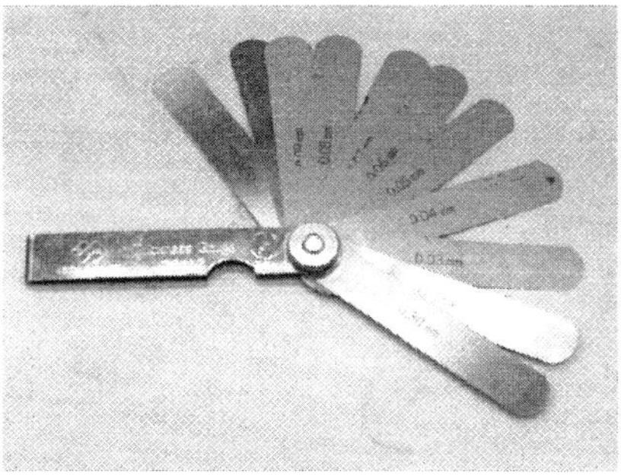

図9-9 隙間ゲージ（シクネスゲージ）

プレートのゆがみを測る

9-2 限界ゲージ

限界ゲージは大まかに穴用と軸用があります。

大量生産の現場では公差の厳しい加工品を大量に判定します。マイクロメータで測定していたのでは時間がいくらあっても足りません。

そのようなとき、限界ゲージを使うと便利です。

穴用のプラグゲージ（**図9-10**）は、主に「はめあい」の最小と最大の円筒を手持ち軸の両端に配置したものです。

通りゲージと止めゲージの2個で一組になっていて、測定したい穴に対し、通りゲージは通って、止めゲージは通らないものが合格です。ことに、はめあいの合否を瞬時に判定できます。

通りゲージが長い方で、止めゲージは短い方、間違えないように溝が付いています。

図9-10では、26H7と表示されています。通りゲージは直径27.000mm、止めゲージ側は直径27.021mmとなっていて、軸基準のすべりばめH7の許容範囲となっています。

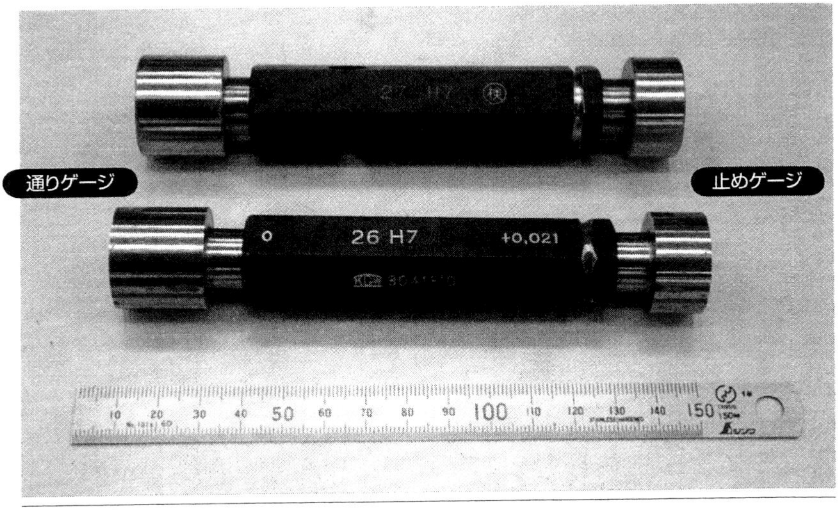

図9-10 プラグゲージ

9-3 トルクを測る

ねじの締付トルクを測る工具は、実際に機械を組み立てたり、性能試験を行うときによく使うので、まとめて紹介します(**図9-11**)。

(1) プレート型トルクレンチ

精密機械ではねじの締め付けトルクを管理したいときがあります。そのようなときにプレート型トルクレンチを使います。

原理はいたって簡単で、棒がばねのようにねじれたり曲がったりする性質を使って、ねじれや曲がりを目盛で読むようにしたものです。

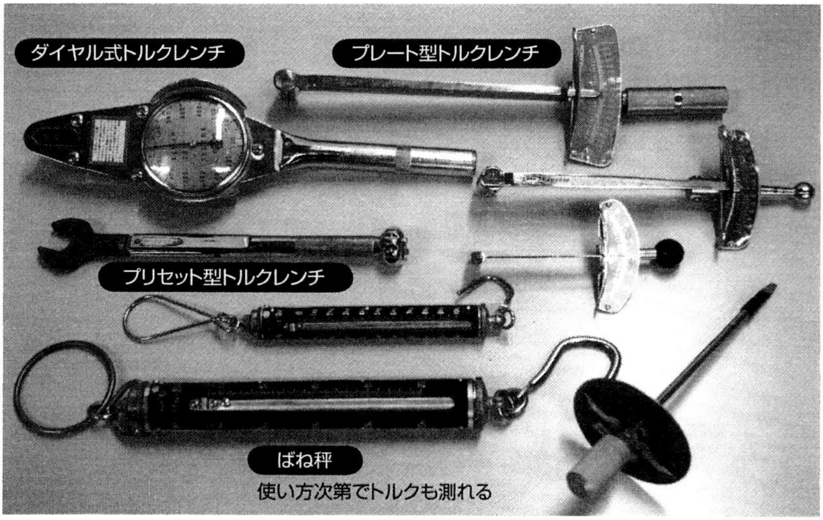

図9-11 各種トルクレンチ

プレート型は目盛が荒く、分解能は低いのですがプリセット型のような失敗はありません。

ハンドルを回す力に比例して撓《たわ》んでいく様子を観察しながら目盛を読んでください(図9-12)。

(2) プリセット型トルクレンチ

プリセット型トルクレンチはトルクを測るというよりはねじを締め付けるトルクを管理する工具です(図9-13)。

この設定は100kgfcmとなっています。図9-13のように回転方向に回すと100kgfcmでカチと音がしてネックがわずかに折れます。

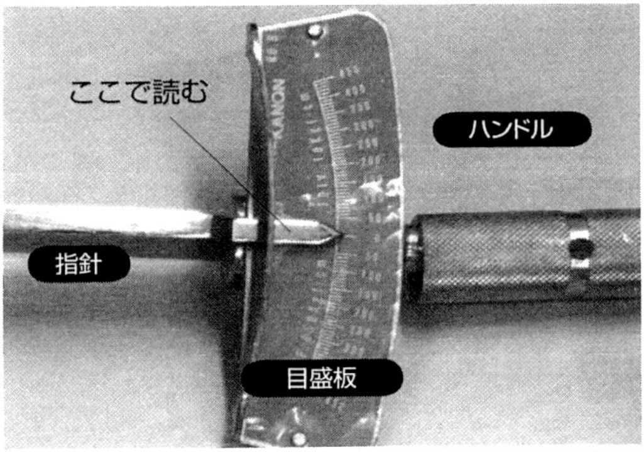

図9-12 プレート型トルクレンチ

ここがポイント!

**カチッと音がしてわずかにハンドルが折れる。
それ以上回すと設定以上のトルクになるので注意!
この折れる感覚は何度も試して慣れてください。**

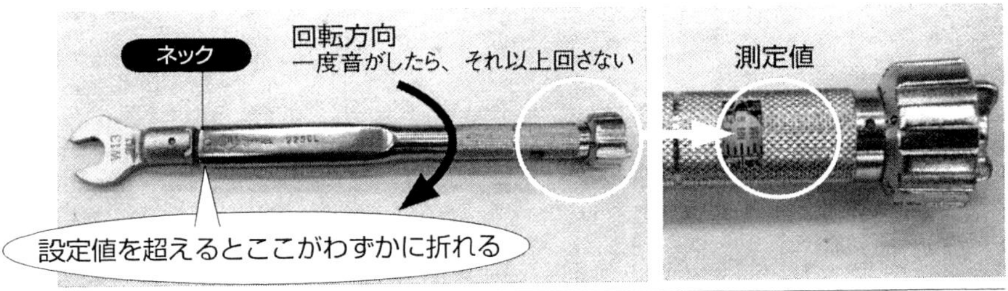

図9-13 プリセット型トルクレンチ

プリセット機構

ひとくちコラム

ゲージを使った測定は人類の知恵！

機械いじりをしていると、ノギスやマイクロメータなどの数値を読み取る測定だけでなく、ゲージをあてて判定する測定方法が効率がよく大変便利だと感じます。

機械発達史を調べるとブロックゲージやプラグゲージなどの発明者は明確ですが、あてて見るタイプのゲージや「型」は人類のものづくりの黎明期から存在しているようです。

思い出せば、名古屋大学にある天文観測用電波望遠鏡の主鏡(4mのパラボラ、法月技研製作)面を切削するとき、大きなゲージを作って形状精度を確認しました。20年以上も前のこと、レーザ変位計やフォトメトグラフィなどの技術はまだありません。当時、主鏡面の精度を測定する方法を思いつかなかった私は、この原始的とも思える大胆な方法に強烈な印象を受けました。

部屋をわざと暗くして反対側から懐中電灯を照らし、漏れてくる光の強弱を見て隙間をマッピングしていく光景に私は驚愕しました。

この方法は今も役にたちます。

測定器で測れないような大きな*R*や特殊な形状は、ゲージを作って当てるのが一番です。

第10章

測定工具のまとめ

いよいよ最後のまとめです。

これまで身近にある測定工具についてあれこれ述べてきましたが、いかがでしたでしょうか？

測定工具の測定範囲と精度について概観し、改めて測定ということの意味を考え、測定工具の使い方のまとめとします。

10-1 測定工具と公差

（1）あらゆるものに誤差はある

どんなに技術が進歩しても、全く誤差の無いものを作ることはできません。測定技術が進歩すればするほど、精度はよくなりますが、ぴったり！！ということは無いのです。

例えば、鉄の棒は、周囲の温度の変化によって伸び縮みします。その部品を引っ張る力が加われば伸びますし、押されれば縮みます。機械が正常に動くためには、これらの伸び縮みも考えて、組み合わせたときにつじつまが合うようにしまければなりません。これを精度指定といいます。どのような部品でも、装置の機能や性能を実現するためにここまでの誤差ならOK！という基準を決めます。それが普通公差です。

普通公差では精度が足らないという場合もあります。そのようなときは、図面に精度指定を書き込んだり、はめあい記号を付記して、誤差範囲を指定します。

測定工具にも誤差があります。それらの誤差は、測定工具の種類によって異なります。

（2）普通公差と測定工具の読み取り精度

私たちが機械工作で一般的に使っているのは普通公差精級です。

本書の目的は、普通公差精級をノギスで実現できる技術力を読者の皆さんに獲得してもらうことです。

ここで、本書で取り上げた測定工具と読み取り精度が普通公差精級とどのような関係にあるかをグラフで見てみましょう（図10-1）。

このグラフを見ると、一般公差の精級とノギスがぴったり一致しています。ボールベアリングを入れる穴の加工では、ミクロンオーダーの精度が必要なので、マイクロメータは必需品となります。

反対に、大雑把でよい寸法ならパスやスケールで十分ということになります。

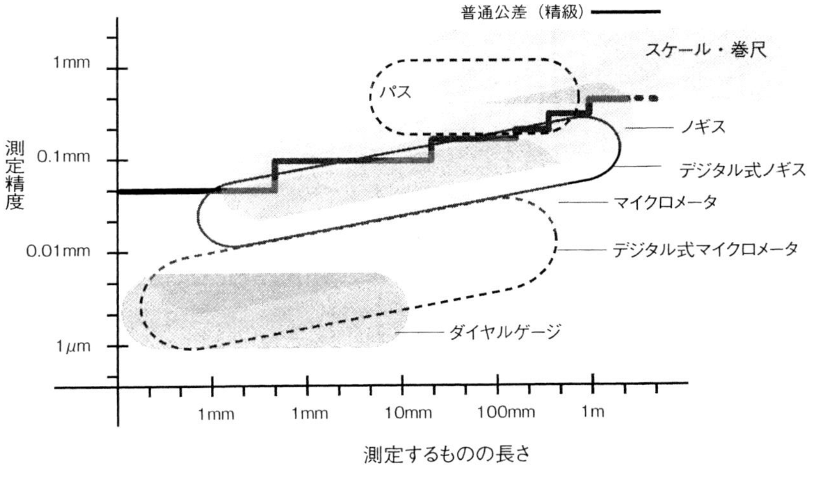

図10-1 測定工具のレンジと精度

（3） ノギスを使った測定は奥が深い！

ここまでくれば、賢明な読者はお気づきだと思いますが、改めて考えるに、ノギスは誠に便利な測定工具だということです。

ノギスはものづくりの現場でほぼ万能ともいえる測定工具であり、普通公差・精級で長さ寸法を測ることができるのです。

本書は、最も普及しているノギスについて基本的なことを整理し、実際にノギスを使って測定するときに戸《と》惑《まど》う問題を、皆さんと一緒に考えてきました。

ところが実際には、視差やあて方など、ノギスの性能を100％発揮するためには実に多くの注意すべき事柄がありました。こうしたことが全部うまくいっていないと、再現性のある正確な測定になりません。

ベテランはこのへんを良く理解していて、一つひとつの大事なポイントをなにもなかったようにクリアし、加工手順や作業の中に上手に入れているのです。

なにげない動作やちょっとした目くばせの中にも、実は第1章～第2章で説明したさまざまな条件（自由度と拘束条件）を満たするための工夫がかくれているのです。

もちろん、ノギスで精度が足らなければマイクロメータを使うし、ダイヤルゲージやパスも使って、手早く確実に測定する。こうしたことができて、ものづくりのプロに一歩近づくことができるわけです。なんにしてもノギスがきちんと使えなければ話になりませんね。

最初の第1章で、まずはノギスを持って…と言った理由はここにあるのです。

ここがポイント！

測定とは基準寸法と比べること

10-2 測定とは

測定工具の使い方ということで解説してきましたが、結局のところ、「測定とは基準と比べること」です。

したがって、「基準」が狂っていると測定になりません。第7章で紹介したように、ブロックゲージの精度ははすばらしいものでした。そして、ものづくりの現場で使うのならB級で十分でしたね。

平たく言えば、「おらが工場のメートル原器」というわけです。

ノギスやマイクロメータの校正をブロックゲージを使って自前で行う。このことは、本書で紹介してきた「測定工具の使い方」のなかで最も高度な技能ですが、筆者としては読者の皆さんにぜひともチャレンジしていただき、獲得してほしいスキルなのです。

話が込み入ってしまいますが、ブロックゲージで校正したマイクロメータを使って穴の直径を正確に測定します。次にその穴をノギスで測ってみましょう。

あなたの測定値はどうですか？

マイクロメータで測ったときと同じになりますか？

分解能が違いますが、デジタル式ノギスで測ったらどうでしょうか？分解能は同じになりますが、マイクロメータはアッベの法則どおりで、もう一方のノギスはアッベの法則に反しています。ここではどちらが良いかではなく、ノギスによる内径測定の訓練として考えてください。

使う人も含めた校正！と言ったら叱られるでしょうか？

ここでノギスのあて方やスライダの押し加減などを工夫して、マイクロメータの値にノギスの値を一致させてほしいのです。こんなによい練習はありませんね。

10-3 長さの単位

（1）変遷する長さの基準

日本は古来から、一寸、一尺、一間、一里などの長さの単位を使ってきました。しかし、これらはずっと一定だったわけではありません。

一間という長さは畳の長辺と同じですが、ご存知のとおり、京間、江戸間、大名間など、畳の大きさは違いますね。

お百姓さんからとりあげる年貢も、検地によって田んぼの広さによって決めるのですが、豊臣秀吉は検地のときに長さの基準を変えて農民の抵抗に合いました。このように度量衡の単位は権力者の都合によってたびたび変えられてきました。

欧米も同じです。一度、世界の歴史を度量衡の変遷と言う視点で眺めてみるのもおもしろいでしょう。

（2）世界共通の長さの基準

世界規模で交易が盛んになると、世界共通の長さや重さの基準（度量衡制度）が必要になってきました。

物々交換から、金や銀を中心とした交易になるのですが、ある国は国王が代わるたびに重さの単位が変わってしまう、同じ国でも地方によって微妙に違っている。長さの単位も年々違っている。このような状況では、交易などうまくいくはずがありません。

結局、世界中の人々が困り果てた結果、フランスが提唱していた、世界共通の長さを決めようということになり、紆余曲折はあったものの、1875年に「メートル条約」となって、ようやく世界中に普及しはじめたのです。

日本はちょうど明治維新のころです。

10-4 熱膨張の影響

長さを測定するとき、温度の変化や気温の変化について考えなくてはなりません。

(1) 物質の熱膨張率

あらゆるものは温度によって伸び縮みします。これを熱膨張といい、室温(20℃)付近で、温度が1℃あがったとき、1mの長さがどれだけ長くなるかを表したものです。

主な物質の熱膨張率を以下の表10-1にまとめます。

物質名	膨張率×10^{-6}
アルミニウム	23.1
ジュラルミン	21.6
銅	16.5
黄銅	17.5
りん青銅	17.0
炭素鋼	10.7
ステンレス鋼	14.7
インバール	0.13

物質名	膨張率×10^{-6}
花崗岩	4－10
大理石	3－15
溶融石英	0.4－0.55
コンクリート	7－14
ガラス(一般)	8－10
パイレックス	2.8
ベークライト	21－33
ポリエチレン	100－200

(理科年表　固体の線膨張率より)

(注)　黄銅: C2680　　インバール: 36インバー　　ステンレス鋼：SUS304

表10-1 熱膨張率

(2) 温度の違いを考える

加工したての鉄の棒、長さ100mmでも、50℃のときに長さを測れば、室温(20℃)に戻ったとき、約40μm収縮しています。

したがって、測定は測りたいものの温度が室温でないと正確ではありませんね。測定したいものの温度が一定になる、あるいは室温になることはとても重要なことなのです。

ここで知っておきたいのは、物質の熱伝導です。

温度差があっても熱伝導が大きければ早く熱が伝わって温度がなじみます。反対に熱伝導が悪いと温度差はなかなかなくならず、測定ができないということになります。熱伝導が悪いと表と裏の温度が違って反ってしまうようなことも起こります。

熱伝導率(**表10-2**)は厚さ1mの板の両面に1℃の温度差があるとき、その板の面積1m^{2}の面を通じて1秒間に流れる熱量です。

単位はW・m^{-1}・K^{-1}です。

物質名	温度	熱伝導率	物質名	温度	熱伝導率
アルミニウム	0℃	236	ケイ素	0℃	168
銅	0℃	403	石英ガラス	0℃	1.4
黄銅	0℃	106	コンクリート	常温	1
鉄	0℃	83.5	ソーダガラス	常温	0.55－0.75
ステンレス鋼	0℃	15	パイレックス	30°	1.1
タングステン	0℃	177	ポリエチレン	常温	0.25－0.34

(理科年表　様々な物質の熱伝導率より)

表10-2 熱伝導率

ここがポイント!

熱伝導率の悪い物質は時間をかけて温度が一様になるのを待ちましょう。

10-5 剛性を考える

どんな物質でも、押せばひずんだり凹んだりします。このとき、押す力がなくなれば元に戻る場合を弾性変形といいます。

(1) ヤング率と弾性変形

押す力と弾性変形の比をヤング率といいます。

棒や板の曲がりも、同じ形状ならヤング率(**表10-3**)の大きいほうが曲がりにくいことになります。つまりヤング率が大きいと言うことは剛性が高いということです。

マイクロメータのところで、ラチェットによって測定圧力を一定にするようになっていたのを思い出してください。

シンブルを回していくとねじなのでいくらでも強く締め付けてしまいます。これでは測定するものも変形するしマイクロメータのフレームも開いてしまい、正しい測定ができません。

主な物質のヤング率を示します。単位はPa＝N・m^{-2}です。

物質名	ヤング率×10^{10}
アルミニウム	7.03
銅	12.98
黄銅	10.06
鉄	21.14
鋳鉄	15.23

物質名	ヤング率×10^{10}
溶融石英	7.31
クラウンガラス	8.01
ポリエチレン	0.04－0.13
ナイロン6－6	0.12－0.29
木材(チーク)	1.3

(理科年表　弾性に関する定数より)

表10-3 ヤング率

（2）測定器もたわむ

マイクロメータのラチェット機構は測定圧力を一定に保つための工夫でした。ラチェットを使わずにシンブルを回すと必要以上に回ってしまいますね。これは、マイクロメータのシンブルを回すトルクがねじによって押す力に変換・増幅され、マイクロメータのアームと測定物に非常に大きな力となって働くのです。

皆さんはこのようなことをしてはいけません。マイクロメータが狂ってしまいます！！

このような現象を考えるとき、アッベの法則、フックの法則、ヘルツの弾性接近量という3つのことが大切ですが、専門的になるので言葉だけ紹介しておきます。

●アッベの法則

同じマイクロメータでも、外側と内側では大違いです。外側マイクロメータは目盛があるねじの軸を伸ばしたところに測定物を挟むようになっていますが、内側マイクロメータはノギスのように目盛があるねじの軸から離れたところで測定物を挟みます。コラムでも紹介したように、測定の軸から離れると誤差が大きくなりますね。

外側マイクロメータはアッベの法則に従った測定工具、内側マイクロメータはアッベの法則に反した測定工具となります。

●フックの法則

測定したい物に測定のために力を加える…例えばマイクロメータで挟むなど…と、測定物の長さはフックの法則に従って縮みます。この縮む長さは加える力と長さに比例し、断面積とヤング率に半比例します。これをフックの法則といいます。

●ヘルツの弾性接近量

二つの面がある力で圧し付けられているとき、お互いの面が接している部分は弾性変形します。この変形量をヘルツの弾性接近量といいます。加わる力が大きくなると接している部分は永久変形となってしまいます。

測定では圧力が小さいので永久変形に至らないのですが、測定工具の取り扱いを間違うと永久変形を起こす可能性があります。

10-6 寸法に関する決まりごと

測定工具の使い方としてこれまで話を進めてきましたが、最後に寸法に関する決まりごとで、説明を省いてきたことに少し触れます。

読み物として見ていただければ結構です。

（1）幾何公差

実は、長さ測定は幾何公差との関係を抜きにしては語れないところがあるのですが、賢明な読者の皆さんはもうお気づきですね。

つまり、どこを基準にしてどこまでの距離を測ればよいかということです。これらを厳密に規定しようと思えば、幾何公差について勉強しなければなりません。

第２章ノギスで拘束条件と自由度という言葉を使って、測定の勘どころを説明してきましたが、それらは幾何公差と関連があって、測定物の測定箇所に対して測定工具を正しく当てる必要があったからです。

これから機械のことを勉強される皆さんは必ず幾何公差について勉強することになると思いますので、そのときにノギスと測定物の関係を考えてください。きっと面白いことをたくさん見つけられると思います。

(2)「はめあい」

設計者は、機械の機能や目的に応じて部品の寸法を決めます。例えば、このとき、実際に加工できる精度も考慮して、すきまやしめ代を記号と数値によって決めたものが「はめあい」です。市販の精密シャフトはg6、モータの軸はh7、カップリングの穴はH7などと表記されていますね。

私たちは「はめあい」記号が示す公差を読み取り、測定工具によって公差の範囲に入っているかを確認することになります。

「はめあい」はJIS B 0401に詳しく解説されていますので、ここでは大雑把な概念を示します。

●軸を基準とする「はめあい」

完全な精度でできている「軸」の直径に対して、「穴」の直径をどうするかは設計者が装置の仕様を満足させるために決めます。

例えば、軸が穴に単純に貫通すればよいという条件は「すきまばめ」、一度軸を穴に入れたら取れないように穴径を小さくする条件は「しまりばめ」、「すきまばめ」と「しまりばめ」のあいだが「中間ばめ」です。

●穴を基準とする「はめあい」

今度は完全な「穴」を基準として、「軸」の公差をどうするかということです。

「すきまばめ」は穴に軸が単純に貫通すればよい、「しまりばめ」は、穴に対し軸が大きい場合、「中間ばめ」はその中間となります。

「はめあい」は「限界ゲージ」を使えばその場で簡単に合否の判定ができるのですが、数が少ない場合や「限界ゲージ」がない場合はいちいちマイクロメータで測定しなければなりません。

しかし、ブロックゲージを持っていれば、ブロックゲージで限界ゲージの代わりを作ることができます。

ひとくちコラム

メートル原器

メートルが決められる過程はとても面白い。実は、フランス革命からメートルが生まれた･･･なんて、皆さん知ってましたか?

フランス革命の中で、世界中でさまざまにある長さの単位を統一して新しい単位として確立することが革命だというのです。

フランス革命後、1791年子午線の100万分の1を1メートルの定義としようということになり、1790ダンケルクからバルセロナまでの距離を三角測量で計測し、緯度の差で北極から赤道までの長さを測りました。この計測は7年も費やし死者も出るなどの苦労もありましたが1798年に終了。この長さを基にして1mを決め、白金製のメートル原器を作りました。これはフランスの国立資料館に収められているのでアルシーブのメートルとも言われています。このとき、1立方デシメートルの大きさの水の質量を1kgと決めました。これに時間の単位を加えて、メートル法としてまとめられました。

度量衡のでたらめな単位で悩んでいた各国はフランスのメートル法に興味を抱き、1867年のパリ万博で、パリに集まった学者の団体がメートル法を世界の基準にしようという決議をあげました。

1875年には各国が協力してメートル法を導入しようという「メートル条約」が締結されるに至りました。日本は1876年に条約に加盟しました。

メートル原器が一つしかないのでは困るので、最初に作ったメートル原器を基に、白金90%イリジウム10%の合金でメートル原器を30個複製し、日本は22番目のものを保有しています。

しかし、メートル原器がモノでは盗難や消失の可能性もあり、もっと普遍的な決め方はないかということで、光の波長を用いた定義となり、現在は「1秒の299792458分の1の時間(約3億分の1秒)に光が真空中を伝わる距離」となっています。

索引

な行

は行

ま行

や、ら行

参考文献

- JISハンドブック　機械計測 日本規格協会(1999年版)
- 国立天文台編：理科年表、丸善　1993年版
- 新版 日本機械学会編：機械工学便覧 B3、計測と制御
- 中山秀太郎 著：機械発達史　大河出版
- 土屋喜一 監修：ハンディブック 機械 オーム社
- 津村喜代治 著：基礎 精密計測 第3版 共立出版
- 測定のテクニック 技能ブックス 大河出版
- L・T・C・ロトル著、磯田 浩 訳：工作機械の歴史 職人からオートメーションへ　平凡社
- ミツトヨ精密測定機器・総合カタログ No 13
- 機械用語辞典編集委員会編：機械用語辞典 コロナ社

著者略歴

河合利秀（かわい としひで）

1953 年生まれ	
1973 年	愛知県立名南工業高校電気科卒業
1973 年	名古屋大学理学部物理金工室技術補佐員
1974 年	同所文部技官
2004 年	国立大学法人移行にともない全学技術センター教育研究技術支援室技術職員
2010 年	主席技師
2014 年	名古屋大学退職、株式会社日本中性子光学勤務
2015 年 2 月	理化学研究所 客員研究員
2016 年	理化学研究所 研究支援職員

主に汎用の旋盤・フライス盤による工作技術を習得し、名古屋大学理学部物理学科の様々な実験装置の製作・試作を担当、機械工作実習で学生（主に大学院修士課程）を指導。
1980 年代には B 粒子の存在を証明した B 粒子検出実験（CERN:WA75）で重要な役割をはたしたエマルジョンムーバー（標的駆動装置）を三鷹光器と協力して開発、製作。
それ以後、原子核乾板を使った高エネルギー実験やニュートリノ振動検出実験、赤外線望遠鏡や電波望遠鏡とその観測装置を中心に、素粒子宇宙物理学における様々な実験装置や観測装置を手がけ、この分野の技術開発を担う。

NDC 532

目で見てわかる測定工具の使い方

定価はカバーに表示してあります。

2008年 3 月26日　初版 1 刷発行
2022年 4 月28日　初版22刷発行

©著者	河合利秀	
発行者	井水 治博	
発行所	日刊工業新聞社	〒103-8548 東京都中央区日本橋小網町14番1号
	書籍編集部	電話 03-5644-7490
	販売・管理部	電話 03-5644-7410　FAX 03-5644-7400
	URL	https://pub.nikkan.co.jp
	e-mail	info@media.nikkan.co.jp
	振替口座	00190-2-186076

企画・編集	新日本編集企画
本文デザイン・DTP	志岐デザイン事務所（新野富有樹）
印刷・製本	新日本印刷㈱（POD2）

2008 Printed in Japan　　落丁・乱丁本はお取り替えいたします。
ISBN　978-4-526-06035-9　C3053